享受燴面 关魏超

张勋　王爽秋　孟国斌　编著

河南大学出版社
HENAN UNIVERSITY PRESS
·郑州·

图书在版编目（ＣＩＰ）数据

享受烩面 / 张勋，王爽秋，孟国斌编著 . —郑州 : 河南大学出版社，2019.7
ISBN 978-7-5649-3826-0

Ⅰ . ①享… Ⅱ . ①张… ②王… ③孟… Ⅲ . ①面条 - 饮食 - 文化 - 河南
Ⅳ . ① TS971.29

中国版本图书馆 CIP 数据核字 (2019) 第 146820 号

责任编辑　阮林要
责任校对　张雪彩
装帧设计　陈盛杰

出版发行　河南大学出版社
地　　址　郑州市郑东新区商务外环中华大厦 2401 号
邮　　编　450046
电　　话　0371-86059750　0371-86059701（营销部）
网　　址　www.hupress.com
印　　刷　郑州新海岸电脑彩色制印有限公司
版　　次　2019 年 8 月第 1 版
印　　次　2019 年 8 月第 1 次印刷
开　　本　710 mm×1010 mm　1/16
印　　张　7.75
字　　数　110 千字
定　　价　39.80 元

编 者 的 话

世间真味有烩面。曾几何时，烩面的曝光率一路走高。烩面，这种纳菜肴、汤品、面点于一款的盛馔，已经从风味食品嬗变为百姓日常正餐。烩面的知名度和美誉度大幅度提升。

无论您是刚入门的"烩面粉丝"，还是已进阶为"烩面达人"抑或"资深吃家"，想必在吃出烩面的最高境界并被烩面彻底征服味蕾之后，也想进一步探讨下列问题：

烩面的美味是怎样"炼"成的？

烩面对人的慰藉为什么会穿越时空，成为远方游子魂牵梦萦的乡愁？

烩面的起源、沿革与流派究竟是什么？

如何从色、香、味、形、质、器诸方面全维度地品鉴烩面？

如何依据现代营养学和烹饪化学的基本原理，科学地理解"烩面的要义不在烩而在面，烩的涵义不在菜而在汤"？

为什么说烩面不只是一款风味面点，更是一种对待生活的态度；吃烩面也不只是为了果腹和补充能量，还是一种精神上的享受？

......

凡此种种话题，谈资尽在本书中。

烹饪是科学，是文化，是艺术。弘扬、传承和守正创新是烹饪界永恒的课题。博大精深的烩面文化，既有历史的深度，更有现实的广度，需要在弘扬中传承，在传承中创新，在创新中发展。

本书借助翔实的史料和丰富的素材，系统地论述了底蕴厚重的烩面文化；科学地阐释了烩面的感官品鉴方法；全面地阐述了烹制烩面的原辅材料；图文并茂地阐明了正宗传统烩面的烹调技法、工艺流程及操作要领；书后还专辟篇章，阐扬了预包装烩面工厂化生产的技术方案和市场前景。

本书旨在普及烩面知识，弘扬烩面文化。本书既可作为饮食文化爱好者和烹饪文化研究者的参考读物，亦可作为烹饪业管理人员和厨技人员的工具书。

本书内文系根据《烩面的革命——从餐馆到工厂》（张勋、王爽秋编著，河南大学出版社，2018年3月第1版）一书部分章节改编而成，图片由鹤壁中之禾食品有限公司组织摄制。

鉴于编者专业知识水平有限，书中当有尚未发现的讹误之处，恳请方家斧正并不吝赐教。

二〇一九年六月

目 录

第1篇

享受烩面

美·食·篇

——雅俗共赏的盛馔

① 风味面点登上大雅之堂

② 大众食客心目中的烩面

　　2010 年 5 月至 10 月，全球瞩目的第 41 届世界博览会（EXPO-2010）在上海举办。主办方将郑州一家餐饮企业的烩面作为地方风味快餐推出，一时间惊艳展馆内外，倾倒了多少中外游客！

　　2015 年 12 月中旬，上海合作组织成员国政府首脑理事会第十四次会议在郑州召开，上合组织成员国、观察员国政府领导人和国际组织负责人莅临郑东新区。在国务院总理招待与会政要的晚宴菜单上，烩面赫然在列！

以上两则新闻，标志着烩面这种地方风味馔食登上了大雅之堂。

其实，这并不是烩面的首轮精彩亮相。自20世纪80年代以来，乘改革开放经济繁荣之春风，烩面就开始实现它的华丽转身。一批又一批到郑州参加活动的学界精英、商界大咖、演艺界大腕们，往往惯用一句调侃的话来应付麦克风的围追堵截：
"这次我们到郑州是来吃烩面的！"社会名流们这一幽默的"临场发挥"，恰恰从一个侧面彰显了烩面的美食风采，佐证了烩面知名度和美誉度的大幅度提升。

大众食客心目中的烩面

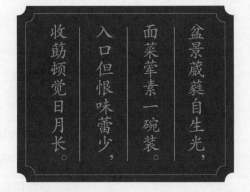

盆景葳蕤自生光，
面菜荤素一碗装。
入口但恨味蕾少，
收箸顿觉日月长。

这是一位资深烩面吃家在吃出烩面的最高境界、被烩面彻底征服了味蕾之后对烩面由衷地揄扬和礼赞。寥寥四句打油诗，把烩面的典雅形色、丰富的食材搭配、美不胜收的滋味和吃完烩面后身心的获得感与满足感，描写得淋漓尽致，对烩面这种美食的钟爱之情跃然纸上。从烩面馆里补壁的墨宝到餐桌上食客的阔论，人们都能从中感受到一种烩面文化或烩面现象，那就是各个层次的食客都会从不同的角度，对烩面给予由衷的赞赏。诚然，对于美食，每个人都有不同甚至相左的选择：嗜荤茹素，大肴小馔，快餐慢食，各自的选择都有各自的理由。然而在林林总总的美食王国里，相比而言，烩面的普适性较高。人们普遍认为，烩面是传统而时尚的美食，经典而新颖的美食，且能满足大众食客荤素搭配、丰俭由己、快慢皆宜的个性化需求。之所以如此，是因为烩面在食材选配、烹调技法，以至于吃法上都有其独到之处。

一是食材丰富，营养全面。

《康熙字典》中没有收录"烩"字。大概是因"烩"为当时民间俗字而封建社会"君子远庖厨"使然。在《辞海》中，"烩"的释义是"会合众味的烹调法"。这里的"味"应是指"食材的品种"，谓"烩"之食材品类众多也。（中医讲药食同源，一物一味。中药方剂中的中草药每种都称为一"味"。）烩面集面食与菜肴于一身，兼荤菜与素菜而搭配，在选料广泛的同时，做到了配料严谨，真正实现了面点与汤、菜的完美结合，营养成分丰富且全面。烩面这个名字在一定程度上诠释了中原民间菜的真谛。换言之，黄河流域餐食的包容、周全和宽泛都被烩面一收而尽了。

从现代食品营养学的角度看，把以淀粉形式供给人体能量的"热力食物"称为"主食"，把提供多种营养素，用于更新、修补人体组织，

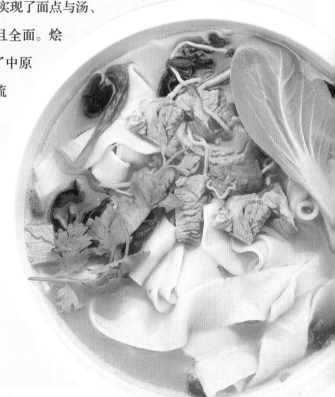

调节生理机能的"保护性食物"称为"副食"，这种既不科学也不专业的称谓极易误导普罗大众！而按照平衡膳食的原则，对具有不同营养成分的多种食材进行广泛选择和科学利用，将动物性食材和植物性食材合理搭配，达到营养素丰富、全面、均衡、合理，才是烹饪学的真谛。显然，烩面做到了这一点。

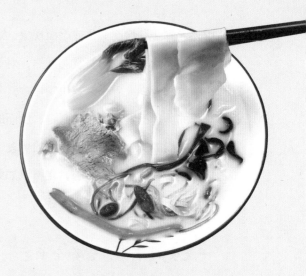

正是因为烩面被认为"亦菜、亦汤、亦面点"，所以在餐馆里如果先点了荤素四菜一汤，然后再点烩面，那么很可能被认为先点的菜和汤是"重复的"，是"可被烩面代替的"。

二是质味适中，普适性强。

一碗烩面，既是简朴的果腹之物，也是名副其实的珍馐盛馔，能容纳万千滋味。所以光顾烩面馆的顾客童叟皆有，妇幼咸宜。经精心调理的面团用

手工抻成面条，下锅后不断条、不粘连、不浑汤，能保持理想的韧性与嚼劲儿。烩面的制汤是店家的看门绝技，自然要精益求精。烩面在后厨烹调过程中，包括盐在内的调味料都是极少加入的。一是为了能给顾客展示汤的原汁原味的最高水平；二是为了留给顾客"DIY"（自己动手做）调味的空间，

以适应不同口味食客的个性化需求。一定档次的烩面馆坚持"另备小料、请君自便"的传统，即在烩面上桌的托盘中，要用四只"寸盏"（俗称"醋水碟"）放置四味小料：精盐、油辣椒、糖蒜、香菜，让食客根据自己的嗜好和习惯自调口味。此外顾客还可以在点餐时提出个性化的要求，如抻面的宽窄厚薄、煮面的软硬筋糯、汤的宽窄（多少）浓淡等，店家都会一一满足食客舌尖上的需求。

三是丰俭由己。

人流熙攘，口腹之欲各不相同。一般烩面馆会设置几个档次的烩面品种，大碗小碗，面多面少，任由顾客选购。烩面馆的另一特色是均备有多种四季时令酱卤和凉拌小菜，并且鳞次栉比、陈列有序，供顾客遴选。至于有人到烩面馆要点大鱼大菜、山珍海味，那他就不是来品尝烩面或浅酌小饮的，这种情况就另当别论了。

凉菜又称冷盘。烹饪学对凉菜的定义是：经过烹制成熟、腌渍入味或仅经清洗

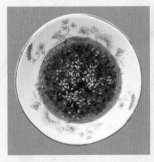

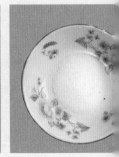

切配等处理后的食材进行简单制作并装盘，一般无须加热即可食用的菜肴。从原材料品种上看，凉菜的原材料遍及肉、禽、蛋、水产品、豆制品、蔬菜、瓜果等各类食材。从烹调方法上看，凉菜的制作涉及蒸、煮、酱、卤、炸、烧、腌渍等多种技法。凉菜由于选料广泛、质味多样、清爽解腻、适口性强，因之堪称烩面的黄金搭档。当今种植业、养殖业技术提高，保鲜物流通道发达，"时令鲜菜"的概念已经淡化，几乎所有的菜肴原材料一年四季都可以随时买到，使烩面馆大厨们有条件把冷拼的技艺发挥到极致。一般来说，在专营烩面的烩面馆里，不同档次、不同品种的凉菜要有二三十种，甚至更多，从而为每位顾客"丰俭由己"提供了足够大的选择空间。

四是四季咸宜。

以上佳句录自一位大师的即兴之作——《烩面四季赋》。文采飞扬

春天吃烩面，把满园春色尽收其中；

夏天吃烩面，恣意挥洒盛夏的激情；

秋天吃烩面，完美诠释金秋的丰盈；

冬天吃烩面，体验隆冬的恢弘，品味岁月的厚重。

的辞藻揭示了一种现象：烩面的资深吃家尤其是所谓的"忠粉"们是不讲季节的。从"寒露"到翌年"立夏"这漫长的寒冷季节，自然是烩面当红的时候。吃烩面除了舌尖上的享受之外，人们还根据《黄帝内经·素问·脏气法时论》中关于"五谷为养，五果为助，五畜为益，五菜为充"的理论，赋予烩面以祛风散寒、补中益气的食疗功效。往往是一碗烩面吃下去，大汗淋漓，酣畅至极，身心小恙皆无踪影了。即便是在当年"立夏"到"寒露"

这100多天炎热天气中，人们吃烩面的热情不减，烩面馆照常爆棚。君不见众食客在挥汗如雨中大口喝汤，大口吃面，大快朵颐。这可能是人们认为烩面是菜、汤、面食巧妙地结合，是营养全面的快餐之一。

五是"原生态"的吃法。

无论你是亲友聚餐还是独自品尝，烩面上桌都是一人一碗，不存在中国式聚餐时众人在一个盘子里夹菜以至于筷子"打架"的情况。你可以不那么刻意顾忌你的吃相如何，自己可以任意地用筷子和汤匙在属于自己的"领地"里恣意翻动，想吃面就吃面，想吃肉就吃肉，想吃菜就吃菜，想喝汤就喝汤。你可以暂时把温文尔雅"藏"起来，把自己的"筷子功夫"发挥到极致，使自己的心绪能随着筷子和汤匙的挥洒自如而得到宣泄。当然，随着社会发展和文明进步，尤其是店堂装修水平的提高，就餐环境的改善，即使在大热天，袒胸裸背吃烩面的"极端原生态吃法"早已不复存在了。

第 II 篇

享受烩面

品·鉴·篇

独步食坛的美味

① 三分钟准备
② 观其色
③ 赏其形

④ 鉴其器
⑤ 闻其香
⑥ 品其质
⑦ 尝其味

烹饪是科学，是文化，是艺术。博大精深的烹调技艺赋予每一款馔食以鲜明的外在属性和内在属性。外在属性主要是满足食客的"心理味觉"需要，内在属性主要是满足食客的"物理味觉"和"化学味觉"需要。

在当今餐饮业和面点烹饪技术的分类上，烩面被公认为是一种独具特色、自成体系的面食品种。对于集面、菜、汤于一身的烩面来说，其属性包括色、香、味、形、质、器等六个方面。其中色、形、器属于外在属性，香、质、味属于内在属性。要发掘、归纳、提炼烩面深刻的文化内涵和物质特性，必须从六个方面进行品鉴：观其色，赏其形，鉴其器，闻其香，品其质，尝其味。

　　随着服务生一声响堂报菜：
"烩面来了！"服务员用训练有
素的优雅动作将一碗热气腾腾的
烩面颇具仪式感地放在你的面前。
这时你虽已口舌生津，但切不可
立即下箸进食，而是要 HOLD（保
持）住心跳，放上几分钟后再吃。

其理由有二：一是烩面的汤中含有大量油脂成分，而油脂的沸点很高，可达
150 ~ 250 ℃，所以刚出锅的烩面汤的温度可能会远远高出 100 ℃（云南名吃
过桥米线是成功应用这一原理的范例）。由此我们不难想象，从烩面起锅入碗
到端上餐桌的过程中，"烹饪"仍在继续。事实上，精明的厨师往往会在火候
的拿捏、分寸的掌握上留有余地，使烹
饪在起锅几分钟后达到完美。二是凭美
食家的经验，三分钟是一个"心理学伎
俩"。据说人在面对食物的时候，等上
三分钟，食品对视觉、嗅觉的刺激会让
人胃口变好，吃起来更加愉悦。

STEP2.

　　一碗烩面的色彩需要食客自己去发现。众所周知，烩面装碗时，厨师一般是将烩菜放入碗底，再放面，再放肉；有的厨师将肉也放入碗底，然后再放面，最后淋上小磨香油。更重要的是，几乎所有的厨师都是把有限的食盐放在碗底再冲汤的。所以食客必须自己动手，用筷子将碗中食材充分翻动，使所有的菜品悉数呈现。这时纵览碗中美食，应为一青（小青菜），二白（面、粉丝），三红（肉、枸杞子），四绿（海带丝），五黄（黄花菜、黄豆芽），六黑（木耳），恰如成语"五颜六色"的注脚，令人赏心悦目。

　　食物绚丽的色彩可使人愉悦而胃口大开，这早已成为共识。然而不久前网传美国健康专家弗朗西斯·罗斯语出惊人："食物的不同色彩预示了其不同的营养功效和食疗作用。"这项研究结果是否会被学界认可尚不得而知。但我们不妨用传统的机理来解释：食物斑斓的色彩能够增加食欲，促进消化吸收，这一作用即可以认为是食物色彩发挥的营养功效。这也恰恰与传统的中医药学"五行配五色，五色入五脏"（红色入心，绿色入肝，黄色入脾，白色入肺，黑色入肾）的理论不谋而合。

面制品的制作从原先的面团成型方便烹饪，发展到人们对食物几何形状的不断追求，这其中蕴含了国人的智慧、情感和文化意象。对烩面馆来说，抻面出神入化，刀工精细严谨，无疑是厨师的基本素养。一碗好的烩面，应该是面条宽度 18~20 mm，厚度 1~1.5 mm；肉切成片状（大多数食客认为切片比切成方丁好）；粉丝或千张丝应用刀截短；海带丝长度应为海带横向尺寸，宽度应不大于 3 mm；小青菜不能用大叶，取菜心部分长 6~8 cm 不用改刀即可；黄花菜必须摘除蒂梗硬节，6 cm 以上者截为两段；木耳或银耳不能有"根"或木屑杂质；枸杞子不要过多，5~8 粒足矣。如此切配食材，既尊重几何原理，又符合美食逻辑。码放碗中错落有致，齐楚动人。因此，食客誉烩面为葳蕤的"热盆景"，当属实至名归。

STEP4.

　　美食与美器兼备，正是中国人的饮食哲学。器因食而丰润，食因器而融合。美食更多的呈现是物质的，美器更多的呈现是心灵的。若要烩面呈现出独特的美感，不仅要厨艺精湛，还要器皿精美。器是烩面文化的要素之一。

　　烩面馆餐具选择的要件，一是色调，二是材质。一般来说，光洁明亮最能显示气派，手感厚重最能展示高贵，质感细腻最能彰显档次。乳白色给人以典雅、洁净之感，淡绿色给人以清新、生机之感，粉红色给人以热烈、快乐之感，牙黄色给人以雍容、华贵之感。

　　众所周知，因为烩面有"量大、汤宽"的特点，并且要给食客留足充分翻动的空间，所以烩面碗都是大号的"海碗"。但无论是粗瓷大海碗，还是细瓷花瓯，店家选用的餐具都会与店堂装饰风格匹配，相得益彰。精明的烩面馆老板在订制餐具时会导入 CI（企业标志），将企业的 LOGO（商标）和企业文化展现在瓷器之上。高档烩面馆把烩面碗设计成仿古瓷器，花大价钱去追求"官""汝""钧""哥""定"的"名瓷范儿"。笔者曾在一个烩面馆看到过一种仿古陶碗，其造型、质地、色泽均高度仿古，时有食客在吃完面之后还将碗翻转仔细把玩，爱不释手。

　　但过犹不及。市场上一度流行的黑古陶餐具和彩陶餐具，虽然手感厚重、质感细致，但因其通体大红大黑，总给人一种"洗不净"的印象，不适合餐馆使用。粗瓷大海碗，追求古朴厚重的文化意象，但"沧桑感"有余，"时尚感"不足，往往难与店堂装饰风格相协调。基于上述考量，烩面馆还是使用细瓷餐具为宜。细瓷餐具材质高雅、造型精致、质感丰润、釉色纷呈，可根据设计需要装潢图案和文字。基于上述考量，绝大多数烩面馆还是以细瓷餐具作为"标配"。

　　几千年来，瓷器一直是华夏文明的光辉标志之一。而在科技高度发达的当代，这种以高岭土烧制而成的尤物，却被一种以密胺树脂为材质的仿瓷餐具"高仿"了一把，仿真程度甚至可以达到惟妙惟肖、以假乱真的地步。那么，这种仿瓷餐具是否可以取代细瓷餐具呢？在此，我们占用一点篇幅来讨论一下有关仿瓷餐具的是是非非。

　　仿瓷餐具又称密胺餐具，其主要成分是密胺树脂。密胺树脂由三聚氰胺与甲醛聚合而成。三聚氰胺是一种有机含氮杂环化合物，分为工业级和食品级两个等级。在化学工业中，用工业级的三聚氰胺与甲醛缩合生成三聚氰胺—甲醛树脂，用它来生产有良好耐热性能、绝缘性能和机械强度的塑料制品。食品级的三聚氰胺与甲醛缩合后生成的密胺树脂可用来制造仿

瓷餐具。合格的仿瓷餐具除具有坚固、耐高温等优点外，其安全指标如"三聚氰胺单体迁移量""甲醛单体迁移量"等都应符合国标GB9690《食品容器、包装材料用

三聚氰胺—甲醛成型品卫生标准》之规定。加之好的密胺餐具所用材质比重比较大，手感接近瓷器，其表面色泽、质感均堪与瓷器相媲美。所以在日常生活中，以仿瓷餐具代替细瓷餐具应无问题。

　　然而，密胺餐具也有不可忽视的缺点。一是密胺餐具不适合在微波炉、电子消毒柜、烤箱中使用，否则易出现开裂现象。二是密胺餐

具不能用钢丝球、毛刷、粗粒去污粉等刷洗，否则会在餐具表面留下划痕。曾有不少餐馆发现，浅色仿瓷餐具的底部过一段时间就会出现一片"黄斑区"，且不易洗去。究其原因，是筷子、汤匙等反复接触碰撞碗底形成的划痕。这样的餐具令顾客生厌，只好另换新品。由此看来，仿瓷餐具毕竟不是瓷器，瓷器是越旧越值钱，而仿瓷餐具却必须随时淘汰，及时更新。

STEP5.

弥足珍贵的美食之所以让人向往，其第一感受是视觉感受（观其色，赏其形，鉴其器），其第二感受便是嗅觉——闻其香。

当一碗烩面放在面前，其氤氲的香气便令人无法抗拒地沁入肺腑。人的嗅觉感受细胞是十分灵敏的。生理研究表明，从嗅到有气味物质，到发生嗅觉，只经过短短的 $0.2 \sim 0.3 s$。嗅觉的感受能力还与外界因素有关。在一定范围内，食品的温度越高，环境的湿度越高，挥发气味的物质种类越多，气味也就越浓。显然，烩面完全符合上述条件。烩面中香气的形成途径是多种的，植物原料中的香气成分、动物原料中的香气成分，通过烹饪过程中的高温溶出及一系列复杂反应，调香，增香，使烩面的香气值达到很高的水平。

值得一提的是，香气的浓度并不是越高越好。在有些情况下，只有浓度较低时才呈令人愉悦的香气，浓度较高时则为令人厌恶的浊气。所以烩面馆的厅堂和后厨的通风一样重要，不要使人们在烩面馆外都能闻到"烩面馆味"或"羊肉汤味"。要使食客只在自己的一份烩面上桌后才能闻到"属于自己的香气"，方为最佳境界。

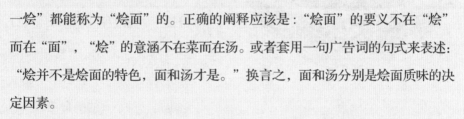

STEP6.

烩，是最古老的烹调技法之一。

如果对"烩面"一词进行望文生义地解

释，就是"拿面条和菜品放在锅里烩了"，

这显然是牵强附会。众所周知，不是任何面条"烩

一烩"都能称为"烩面"的。正确的阐释应该是："烩面"的要义不在"烩"

而在"面"，"烩"的意涵不在菜而在汤。或者套用一句广告词的句式来表述：

"烩并不是烩面的特色，面和汤才是。"换言之，面和汤分别是烩面质味的决

定因素。

梁实秋先生在其著名的散文《面条》中开宗明义地写道："北方人吃面

讲究吃抻面。抻（音 chēn），用手拉的意思，所以又称为拉面。用机器轧切

的曰切面，那是比较晚近的产品，虽然产制方便，味道不大对劲。"他还进一

步指出："本来抻的妙处就在于那一口咬劲儿，多少有些韧性，不像切面那

样的糟，其原因是抻得久，把面的韧

性给抻出来了。"由于烩面的面条成

型要经历一整套特殊的工艺流程，造

就了抻好的面条本身就具有腴、韧、

弹、滑的品质。再经过适度地烹煮，

使面条的质地呈现出爽滑（光滑而不

涩，爽口而不黏腻）、筋道（有弹性，

不纰不散）且有咬劲（耐咀嚼，不粘

牙）的特点。前者是口腔的感受，后者是牙齿发力后的感受。其中筋道的指标要有度，即要有一定的弹性、韧性，保持一定的"嚼劲儿"，但如果过了就会变脆，甚至有嚼"生面坯"的感觉。为适应部分"吃货"的需求，有的餐馆推出了"皮带面"，面条特别宽厚，入口特别"筋"，特别"有咬劲儿"，甚至有点"脆"，宛若嚼牛筋。这也是一种小众的美食吧。

STEP7.

　　滋味无疑是评价烩面的最重要指标。如前所述，对烩面滋味做出重大贡献的，主要是汤，其次是面。人们在品尝烩面时，往往遵循以下程序：先歠一口汤润一下口腔，然后再小口啜饮（而不是"牛饮"），每一口都将汤布满舌面，然后溢至双腮，随着舌头在口中的移动，在润物细无声中领略汤味的美妙。偶尔，一口浓厚的醇香不自觉地滑落入喉！咽下去那汤味如熨斗一样，从口腔一直"熨"下去，使人服帖舒适。此时，你的身心已被美味彻底征服，真正达到陶渊明的诗境"此中有真意，欲辨已忘言"了。

　　领略过汤的醇香厚味之后，再尝上一口面，烩面的异香再一次让口腔和鼻腔形成立体感受。烹饪学有一个基本原理："有味使之出，无味使之入。"一般来说，面条要通过"烩"来"入味"。但这时面条刚从煮面锅捞入碗中，面条还来不及充分汲取汤和烩菜的汁味，所以面条自身固有的浓郁的麦香味便会释放出来。这种来源于麦粒胚芽中脂类物质的麦香味也称面香味，是纯正的小麦粉所固有的甘香气味和清淳味道，用"绵""柔""甘""香""鲜""醇"等字眼好像都不能恰如其分地形容它。此乃大自然的造化对人类的恩赐，千万不可因急于果腹、狼吞虎咽而与其爽约。

第 Ⅲ 篇

享受烩面

渊·源·篇

——源远流长的传承

① 考镜烩面起源

② 烩面的沿革与发展

③ 当代烩面的品种与流派

　　在互联网上搜索烩面史话，多个版本是"面条回锅说"。如其一文称，抗日战争时期，某厨师为自己做了一碗面条，未及入口恰逢敌机来袭，只好放下面条去躲避。待空袭警报解除，这碗面已经凉了。于是顺手将这碗面加上羊肉汤放入锅中烩了再吃，顿觉美味可口。由此发明了羊肉烩面。笔者不质疑其人其事的真实性，但认为以此作为烩面的起源却失之偏颇。问题的关键在于，这位厨师做的面条若不是手抻宽面条，则他的"发明"充其量是"羊肉糊汤面"的做法。以此演绎为烩面的起源未免牵强附会。

　　那么烩面的起源、发展与沿革究竟应该是怎样的呢？我们只能从厚重的历史中去发掘。泱泱中华大国，悠悠5000年文明史，历史文献浩如烟海，文化典籍汗牛充栋。但由于封建社会士大夫阶层重政治历史而轻科学技术，以至于食品加工书籍凤毛麟角，烹饪方面的著述也寥若晨星。幸运的是，凭借这些极其有限的史料，能从中清楚地梳理出"烩面的渊源是古代汤饼中的馎饦或水滑面"这一命题。

　　2002年，青海喇家遗址发掘出4000年前的小米面条，其制作方法至今令学者们存疑。中国汉代以后关于小麦面食的记载，仍为面条起源的探讨素材。小麦，这种曾经改变人类文明进程的作物，拥有世界上广泛的种植面积。用小麦粉制作的面条，奠定了中国特别是广袤的北方这个"面食王国"难以撼动的基石。但在那几千年前没有机刀的时代，面条无疑只能靠手掌和手指成型。当时用小麦粉制成的片状食品统称为"饼"，2000年来，"饼"的名称沿用迄今。蒸饼即馒头（《水浒传》中武大郎卖的馒头为避仁宗皇帝赵祯之讳，时称炊饼），胡饼即烧饼，汤饼即面条。20世纪50年代出版的民间应用文大全《尺牍》中，列举新生儿"过百天"请亲邻吃"喜面"，请帖的写法是"某月某日汤饼候光"。其中的"汤饼"即"高汤面条"的雅称。

北魏农学家贾思勰编著的《齐民要术》，成书于公元533～544年间，是我国完整保存至今的最早一部古农书和古食书。其中下册4卷主要介绍食品加工工艺，堪称古代北方饮食文化的总结。该书《饼法》卷载有"水引馎饦法"两段。其一是"水引"的制法，其二是"馎饦"的制法。

从两段文字可以看出，在不使用机刀的条件下，一种手法是，用手在面盆旁将面团按捏成薄片，随即入锅沸煮；另一种手法是，先将面团抟成粗条放在水中浸一段时间，然后再拉长捏薄形成宽面条，面条成型后随即下入沸水。显然，这里已经有了先"制坯"后"抻面"的工艺。

到了唐代，馎饦出现了一些新品种。从唐·杨晔《膳夫经手录》的记载大体上可以看出，唐代的馎饦，已经由南北朝时期的水煮宽长面片，过渡到讲究配菜和调味了。据此我们完全可以认为：这就是烩面的原型！

宋朝的建立结束了"五代十国"的割据局面，使中国的大部分地区重新统一。从而在一定程度上促进了经济的振兴与繁荣。而靖康宋室南迁，则促进了中原与江南烹饪技术东西合璧、南北交融的灵动结合。在这一时期，烹饪技术普遍提高，面食新品种大量涌现。宋浦江吴氏《中馈录》中载有"水滑面方"："用十分白面揉、搜成剂，一斤作十数块，放在水内，候其面性发得十分满足，逐块抽、拽，下汤煮熟。抽、拽得阔、薄乃好。……或加煎肉，尤妙。"这道面食，由于先将揉好的面剂水浸，然后再"抽""拽"成

又宽又薄的面片，故应具有很好的弹性和韧性，吃时口感会很爽滑、筋道。再加上多种配菜和调味，风味当更加突出。由此可以看出，在宋代，手抻面的成型工艺和烹调技法已相当成熟。

元代家庭日用大全式的通书《云林堂饮食制度集》和《居家必用事类全集》所记载的"水滑面"的制作方法，尤其是对面团的调理已颇具章法。《云林堂饮食制度集》记载："如午间要吃，清早用盐水溲面团，捺三二十次，以物覆之。少顷，又捺团如前。如此团捺数四。"《居家必用事类全集》记载："用头面（按指头罗

细面）。春、夏、秋用新汲水入油盐，先搅作拌面羹样，渐渐入水，和搜成剂。用手拆开作小块子，再用油水洒和，以拳揉一二百拳。如此三、四次，微软如饼剂。就案上，用一拗棒纳百余拗。如无拗棒，只多揉数百拳。至面性行，方可搓为面指头。入新凉水内浸两时许。伺面性行，方下锅。阔细任意做。冬月用温水浸。"文中提到的"拗棒"，是专门用来压轧面块，反复碾压直到压出"劲"来的工具。（据有关学者研究，在敦煌壁画中有一幅两人抬杠压面图，而非推

磨图。由此可以推测，国人用杠子压面的历史至迟可追溯到唐代。）这种借助轧面杠反复揉轧面团，增加面体的弹性和韧性，使做出的面条爽滑、劲道、有咬劲儿的技术，被历代厨师沿袭传承。直到20世纪末，笔者还曾在小规模的面条作坊里看到这样的情形：面案倚墙放置，墙上开一洞，工人将木杠的一端插入洞里，把面团放在杠子下面，以全身力气压杠子另一端，对面团反复压轧数十遍。用这种方法调理出的面团当然具有很好的加工性能。

清朝晚期薛宝辰的素食专著《素食说略》中，记载有抻面和"揪片"的技法。"揪片"的制作方法是：将调和好的面团擀成厚片，用手分成宽条，再一片一片地扯拽下来，按捏成薄片，投入锅中煮成。这种面食在豫西及晋陕一带十分流行。曾记得一位在中亚工作的学者告诉笔者：吉尔吉斯斯坦的"东干人"向来认为，他们食用"揪片"的习俗是由其祖先从陕西带过去的。当今"揪片"的制法与古代"一脉相承"：将韭菜切碎掺入面粉中，以盐水和面，充分揉搓轧延后饧半小时。锅中水烧开后，将面团置于锅沿，手掐面团并抻捏成长6 cm左右、宽3 cm左右的面片，随抻随下锅。这种"揪片"的技法堪称古代"馎饦"和"水引"的活化石，也可以说是现代烩面烹饪技艺的一个分支。

综上所述，无论是"馎饦""水滑面"，还是"揪片"，其制作方法可归纳为五个特点：一是和面时加入食盐；二是用手工或借助器械（拗棒）反复揉压面团；三是其间一次或数次"饧化"；四是先制作面坯，然后再用手抻（扯、拽）成宽面条；五是抻面后随即下入沸水锅中。笔者认为，以上五个特点，正是烩面沿袭传承"馎饦"和"水滑面"的核心工艺流程。换言之，不经过这样的工艺，就达不到烩面面条应有的感官指标，就不能称之为烩面。不是任何面条用肉汤烩一烩，就能称为烩面的。

PART 2.

以古代汤饼中的"馎饦"和"水滑面"为起源的烩面，为什么能够沿革传承至今且长盛不衰呢？这是由于烩面作为中国面食文化的一个组成部分，适应了幅员辽阔的华北、西北地区的地理、物候等自然条件，契合了中原厚重历史文化的发展步伐。

首先，中国面点史，几乎就是小麦食文化的历史。其重要原因之一，是从营养学分析，粮食类食品是人类最重要的营养源，而小麦粉有着其他谷物望尘莫及的优势。研究数据表明，小麦粉所含蛋白质是大米的 2～3 倍，是玉米粉的 2 倍左右；尤其是含钙量为大米的 4 倍、玉米粉的 8 倍以上。历代的先民们在这片土地上生活、劳作、繁衍生息，小麦粉是补充能量、维系生命的首选。于是，"汤饼"成了绝大多数人必需的主食。在没有机刀的古代，用手工抻面的工艺制作馎饦、水滑面、揪片等"系列宽面条"，当为全社会烹饪技术的必修课。当社会发展到食品加工机具普及的时代，人们对食物功能的追求从果腹向美味过渡，手工烩面这种能使面条形成良好口感的传统技法，随之日臻完善并被精益求精地传承下来。

其次，二毛（牟真理）先生的大作《民国吃家》有云："美食在当地，当地在民间，民间在家庭。"笔者认为，在长江以北广袤的中原大地上，民间菜区别于馆所菜和市肆菜，其特点可以用十二个字来概括："色重，味浓，量大，汤宽，熟煮，热吃。"而烩面正是符合这"十二字要诀"的美食。除了烩面，没有哪一款馔食能纳面点、菜肴、汤品于一碗之中。这正是烩面的魅力所在，也诠释了烩面对人的慰藉为什么会穿越时空，成为远方游子魂牵梦萦的乡愁。

再次，烩面亦面亦菜亦汤的特点，成就了它可作为一个理想的快餐、简餐品种。无论是劳作之余，还是小憩之中；无论是本地居民，还是过往旅客；无论是巨商富贾，还是贩夫走卒，只要是为了补充能量，或一饱口福，都可以吃一碗烩面解决。这就是为什么快餐店往往设置烩面品种的原因所在。郑州地处中原，系九州通衢。长期以来，八方旅客来到郑州，都会像当地人一样，循着人声灯影，到火车站周边街道鳞次栉比的餐馆去品尝烩面。此为日后郑州被誉为"烩面之城"

的历史渊源所在。久而久之，在这种烩面文化的浸淫之中，人们似乎达成了一种共识：到河南不吃烩面是一种遗憾，而来郑州没有吃到正宗的传统烩面那更是一种遗憾！时至今日，经营烩面的餐馆遍及中原大地。据报道，精明的老板们已把烩面馆开到了大江南北一些一、二线城市北方人相对集中的街区。更有烩面馆漂洋过海，成了"中国名片"。2017年3月CCTV中文国际频道《一味一故事》栏目报道，在坦桑尼亚第一大城市达累斯萨拉姆的一家颇具规模的中餐馆里，一位黑人青年熟练地用筷子挑起碗里的羊肉烩面，并且用地道的汉语笑着夸赞："烩面好吃，好吃！"报道中还提到，不少当地人因喜欢烩面这道美食，专门到这家中餐馆学用筷子，学说中国话。

上述一系列"烩面现象"充分说明，烩面已经成为公认的独具特色、自成体系的面食品种了。当今烩面之所以具有如此地位与影响力，除了价廉物美、方便快捷之外，更重要的是，它经过了消费者长期的、严格的遴选，终于得以传承和发展，而成就了"永远的烩面"。

　　任何一款美食的传承，既离不开挑剔的美食家，更离不开坚持文化自信的厨坛大师。经过长期以来历代烩面名店名厨的悉心传承和发展，逐渐形成了烩面独有的特色风味和优良品质。对于烩面的面条来说，必须达到：面条宽腴，爽滑适口，柔软而富有弹力，筋道而有咬劲。

对于烩面的汤来说，必须达到：汤汁醇厚，滋味丰满，香浓而不腻，清鲜而不腥。在这个大的原则下，随着地域的不同、食材的不同、烹饪工艺的不同，近年来烩面形成了不同的流派，创新的品种也时有上市。

　　按烹饪工艺分，有原汤烩面、清汤烩面、白汤烩面之分。

　　原汤亦称鲜汤，其制法将羊肉、羊骨、牛骨、鸡架等原料加香辛料在锅中熬制，经过"两洗，两下锅，三次撇沫"和不同的火候阶段，肉、骨中的营养成分和呈味物质逐步析于汤中。当肉被煮到"刚刚熟而不烂"的程度时，将肉捞出，得到原汤。这样的原汤可直接用以烹制烩面，而大多数情况下则是作为基础汤进一步加工成清汤或白汤。清汤亦称高汤。其制法是在上述原汤的基础上进行"吊汤"。即将鸡脯肉剁成肉茸，入锅后改文火煮沸，使肉茸将锅中

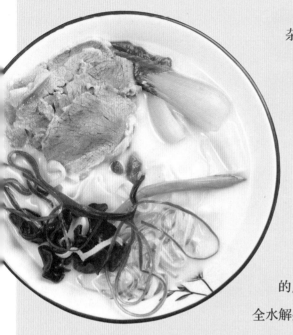

杂质、浮沫粘在一起并浮于汤面，将其撇出，即成清汤。这种高汤的鲜美程度堪比味精，用这种清汤烹制的烩面可达到唇齿留香、回味悠长的境界。白汤亦称浓汤，其制作方法是在上述原汤的基础上用中高火继续熬制，并保持沸腾状态。由于水的翻滚和撞击作用，脂肪成分被撞击成小油滴状而分散于汤中。与此同时，胶原蛋白的成分在剧烈震荡力的作用下，发生不完全水解生成明胶。明胶作为亲水性很强的乳化剂，与磷脂分子亲水基团相结合，包裹脂肪颗粒并使其稳定地分散于汤水中，形成"水包油型"乳浊液，即为汤色乳白、汤体浓酽的白汤。用白汤烹制的烩面口感醇厚，汁味丰满。

因原汤的名字中蕴含"原汁原味"的意涵，所以原汤烩面曾一度被食客追捧。而清汤烩面因汤色清亮、汤汁醇厚、味鲜利口、歠之挂唇、留香持久而成为传统羊肉烩面之正宗本源。白汤烩面因汤色乳白、汤质浓厚，被人们认为是营养丰富的"骨髓汤"，从而受到一部分食客的拥戴。当今，人们通过比较上述三种制汤工艺认识到，制作清汤、白汤都是以原汤为基汤，即原汤可看作是清汤、白汤的制作过程中的"中间品"，清汤可看作是原汤的"精制品"，白汤可看作是原汤的"再制品"。因此，放眼市场上的烩面馆，或经营清汤烩面，或经营白汤烩面，都在各自培养着属于自己的回头客，而原汤烩面已日渐式微于烩面江湖。

此外，近年来在豫西南地区兴起一种"生炝羊肉烩面"。餐馆事先不制备高汤和熟羊肉，客人点单后，才拿生鲜羊肉在锅中爆炒，再加水炖煮，然后将抻好的面条下入锅中煮熟。这种被标榜为"真正原汁原味"的羊肉面，其烹制工艺迥异于传统正宗羊肉烩面：其工艺流程缺失了传统正宗羊肉烩面中的关键工序——煮肉和用羊骨、牛骨熬制高汤。因此，这种"炝出来的羊肉烩面"其汤、菜、肉的质味都不可能达到传统正宗羊肉烩面的水平。况且，在"生炝羊肉"的过程中，香辛料与羊肉作用时间有限，其有效成分不能充分溶出，故难以有效地避腥祛膻。窃以为，若按照业界通行的"以烹调技法对馔食命名"的规矩，这款"生炝羊肉烩面"还是不要傍"烩面"的名号，而称"羊肉炝锅面"为好。

按制汤原料分，羊肉烩面是基本味，是大众味，绝大多数烩面馆都经营羊肉烩面。而近年来有店家开发了新的风味烩面。如牛肉烩面，制汤时不用羊肉、羊骨，而用牛肉、牛骨、鸡架等，烹调时也只加熟牛肉，成品具有牛肉浓郁的醇香。又如三鲜烩面，用海参、鱿鱼、干贝制汤烹调烩面，成品具有新鲜的海鲜风味。再如茄蔬烩面，成品汤色亮丽，茄香浓郁，迎合素食一族的口味。

曾几何时，坊间有一种声音极力倡导"按烩面营养功能分类"，把烩面分为"滋补烩面"和"普通传统烩面"两大品类。笔者认为，此举有失偏颇。顾名思义，"滋"的义涵是"滋养""供给养分"，"补"的义涵是"补益""增加营养成分"。把某种食品冠以"滋补"的称谓，应是强调该食品比其他同类食品所提供的营养素更丰富，更全面。而根据现代营养学的基本原理和居民膳食指南的要求，均衡、适量地摄取营养素，才是健康的饮食方式。众所周知，制汤原料

和工艺决定了烩面的汤富含蛋白质和脂肪。况且在可比的原料和工艺条件下，清汤的蛋白质含量一般会高于白汤，而白汤的脂肪含量往往高于清汤。基于这一事实，把脂肪含量高的白汤称为"滋补的"，而把蛋白质含量高的清汤称为"普通的"，显然有悖于现代营养学常识。至于在汤中加入中草药烹制烩面，只要不违反《食品安全法》和国家主管部门颁布的《按照传统既是食品又是中药材的物质目录》之规定，就无可厚非。但应注意不要把烩面打造成药膳。基于中药方剂的药膳属于中医药治疗手段，但凡中医施治，必先按"八纲"（阴、阳、表、里、寒、热、虚、实）进行辨证。明朝大医李中梓《医宗必读》有论："大实若赢者，误补益疾。"一方面，不是所有人群都适合以中药材"进补"；另一方面，不是所有人群都适合用某一个方剂去"进补"。换言之，每一款药膳都有其适宜人群、不适宜人群。随着广大民众卫生健康科学素养的提高，药膳在餐饮市场上的消费空间势必越来越小。

在烹饪领域，很多时候对美味的追求就意味着制作繁复。上述烩面无论食材如何选配，制汤工艺如何把握，其面条的制法都是严格按照正规的面团调理和手工抻面的工艺进行的。而近年来受市场营销游戏化的冲击，一些根本不是烩面的面条品种都随意冠以"烩面"的名称。如把普通鲜湿切面或饸饹面称为"烩面"，把普通挂面切宽一些称为"烩面"，甚至将油炸方便面称为"烩面"，等等。

　　从工艺上分析，这些面条之所以在感官指标及内在品质上都与烩面相去甚远，是因为在制面工艺上存在诸多"硬伤"，如面团持水量严重不足、面团调理工艺明显缺失等。如果不添加多种面品改良剂，这些面条的感官指标就难以差强人意。再者，普通挂面、油炸方便面生产线为规避面体粘连机具、面条黏结并条等问题，不得不控制切条宽度，而像烩面那样 18 mm 以上宽度的面条是无法生产的。所以说，上述伪烩面连"山寨版"的资格都不够。"山寨版"起码无其实而有其形，而这些伪烩面却从外部形态到内在品质都与正宗烩面毫无共通之处。众所周知，在餐饮市场上，真品如果断代，赝品自然"正宗"。这种"劣币驱逐良币"的行为欺骗了不明真相的消费者，伤害了循规蹈矩的烩面经营者，误导了公众特别是新生代消费者对烩面文化内涵和物质属性的基本认知，割裂了烩面的历史与文化传承。为此，有良知的业界人士应大力抵制此类有悖诚信和职业操守的不良行为。烩面"吃家"们也应自觉地从制面工艺和产品质量两方面来提高辨识能力，抵制形形色色伪烩面的误导，正本清源，激浊扬清，旗帜鲜明地为正宗烩面护名，正名。

第 Ⅳ 篇

享受烩面

原·料·篇

——精品荟萃的食材

① 烹饪用水

② 小麦粉

③ 食用盐 食用碱

④ 肉品

⑤ 菜品与调味料

⑥ 天然香辛料

清朝袁枚《随园食单》有云：『大抵一席佳肴，司厨之功居其六，买办之功居其四。』『凡物各有先天，如人各有资禀。人性下愚，虽孔、孟教之，无益也；物性不良，虽易牙烹之，亦无味也。』烹制烩面所用原辅材料众多，宜精心遴选，正确使用。

（1）水在烹制烩面中的作用

作为烹饪食物不可或缺的重要原料，水在烹制烩面中的作用主要体现在以下四个方面：一是水对烹饪原料的冲刷洗涤作用。二是基于水的溶解能力和分散能力，可使烹饪原料的营养成分和呈味物质经过炖、煮溶解或分散在水中，做成美味的鲜汤。三是小麦粉中的蛋白质吸水膨胀，粘接形成面筋，并包裹吸水胀润的淀粉颗粒，从而使面团具有黏弹性和延展性；同时以加水量的多少来调节面团的湿度，便于加工成型。四是水作为"烹"和"饪"的传导媒介，使食物由生变熟。

（2）水质对烹制烩面工艺的影响

水的 pH 值和硬度指标对烩面烹饪工艺和产品质量有着直接影响。烹饪操作实践表明，pH 值不同的水对煮肉的时间和熟肉的口感产生影响。而水的硬度高，将使水与面粉的亲水性能变差，和面时面粉吸水慢，从而削弱了和面效果。水中的钙、镁离子与面粉中的蛋白质相结合，会降低面筋的弹性和延展性。钙、镁离子与面粉中的淀粉结合，不但影响淀粉在和面过程中的正常膨润，还会影响在蒸煮过程中的正常糊化，进而影响其加工性能。

（3）水质标准与水处理

国标 GB5749《生活饮用水卫生标准》对 pH 值的规定是：生活饮用水的 pH 值不小于 6.5、不大于 8.5。制作烩面用水主要是控制水的 pH 值不能偏酸性，所以符合这个标准的水是适合制作烩面的。

水的硬度分为暂时硬度和永久硬度。暂时硬度称为碳酸盐硬度，是指水中溶解的钙和镁的重碳酸盐含量的总和。这些盐类在加热沸腾的水中能沉淀析出，从而水质变软。永久硬度称为非碳酸盐硬度，是指水中溶解的钙、镁的氯化物、硫酸盐、硝酸盐的总和。这些盐类在加热沸腾的水中也不能沉淀析出，所以称为永久硬度。暂时硬度和永久硬度之和称为总硬度。现行国标 GB5749《生活饮用水卫生标准》规定，总硬度（以 $CaCO_3$ 计）$\leqslant$ 450 mg/L。而在烹饪业以及面制品行业，水的硬度指标通常是以"德国度"（100 mL 水中含有 1 mg CaO 或 1 L 水中含有 10 mg CaO 为 1 度）来衡量的。按 CaO 与 $CaCO_3$ 的分子量进行换算，国标 GB5749 所规定的水的硬度指标上限 450 mg/L 相当于 25.2°。在生产实践中，一般推荐烹饪用水尤其是制面用水硬度宜在 4° 以下，最高不宜超过 10°。由此看来，自来水管网中水的硬度有可能超过这个数值。因此，建议具有一定规模的餐饮企业要对当地供水管网的水硬度指标进行实地测定。当总硬度指标（以 $CaCO_3$ 计）$\geqslant$ 200 mg/L 时，要考虑加装软化水装置对制面用水进行软化处理。当今水质软化技术已相当成熟。水处理装置一般采用电渗析软化法、反渗透软化法或离子交换软化法，其中反渗透软化法的应用比较普遍。

（1）小麦粉的主要成分及工艺性能

碳水化合物

小麦中的碳水化合物占麦粒的70%以上，其主要由淀粉、糖和纤维素组成。其中以淀粉为主，糖约占碳水化合物的10%。小麦淀粉由直链淀粉和支链淀粉组成，其中直链淀粉为19%～26%，支链淀粉为74%～81%。一般淀粉在常温下不溶于水。但当淀粉与水共存并加热后，水渗入淀粉颗粒内部使淀粉膨胀，体积可增大到原有的数十倍甚至数百倍，使晶体和非晶体状的淀粉分子间氢键断裂，淀粉颗粒溶胀破裂而形成胶状物，物料黏度增大，这就是淀粉的糊化现象。处于糊化状态的淀粉称为 α 化淀粉，未糊化的淀粉称为 β 化淀粉。面食品由生到熟的过程，实际上就是由 β 化淀粉转化为 α 化淀粉的淀粉糊化过程。熟的 α 化淀粉比 β 化淀粉容易消化。淀粉糊化程度的高低直接影响着面条的口感和其他感官指标。

蛋白质与面筋

蛋白质与面筋在面粉中以不同形式存在。蛋白质在大量吸水后自动链接形成面筋。一般情况下，蛋白质含量高，湿面筋含量就高。面粉中的蛋白质主要有麦胶蛋白、麦谷蛋白、白蛋白、球蛋白四种。高等级面粉含麦胶蛋白和麦谷蛋白较多，低等级面粉含白蛋白、球蛋白较多。麦胶蛋白和麦谷蛋白含有丰富的谷氨酸和脯氨酸，而白蛋白和球蛋白富含赖氨酸

和精氨酸，这就是低等级粉比高等级粉营养价值高的主要原因。面粉加水搅拌时，麦谷蛋白首先吸水胀润，同时麦胶蛋白及水溶性白蛋白和球蛋白等成分也逐渐吸水胀润。随着不断搅拌，蛋白质微粒逐渐膨胀，相互黏结，形成所谓的面筋网络结构。麦胶蛋白形成的面筋具有很好的延伸性，但筋力不足；麦谷蛋白形成的面筋具有良好的弹性，筋力强，面筋结构牢固，但延伸性差。若麦谷蛋白含量高，则会造成面团弹性、韧性太强，面带抻展困难甚至面条发生收缩。若麦胶蛋白含量较高，则面筋网络结构不牢固，易导致产品变形。

脂肪

小麦粉中脂肪含量较少，通常为 1.5% ~ 2%。此微量的脂肪能够对面粉的品质产生影响。面粉在储存的过程中，脂肪在脂肪酶的作用下产生不饱和脂肪酸，而不饱和脂肪酸极易被氧化成低分子的醛或酮，即所谓的"酸败"，这时面粉会产生"哈喇"味而失去使用价值。因此，面粉的储存要讲究仓储条件和保质期。

（2）小麦粉的选购与使用

优质的烩面煮熟后，外观色泽应为乳白色或乳黄色，表面结构细密、光滑、光亮，呈现出一种近乎半透明的胶质感；面条不断条，咀嚼时爽口、不粘牙；

有较好的韧性、咬劲和富有弹性，即平时所说的筋道；具有自然的麦香味。按照烩面感官指标和烹调性能的要求，选购面粉时宜注意以下几点：

一是正确把握灰分和蛋白质指标。面粉灰分含量低则品质优，反之品质劣。制作烩面的小麦粉蛋白质含量（湿面筋质）不必太高。蛋白质含量过高、筋力太强的面团延展性差，加工性能不好，况且制成的面条煮后颜色灰暗、口感硬、适口性不好。当然，筋力太小的面条韧性和咬劲差，口感过于软糯，感官评分也差。建议选用灰分含量低、湿面筋值26% ~ 28%的面粉制作烩面。

二是不要过分追求面粉的白度。烩面的感官指标应为自然的乳白色或乳黄色。追求烩面的白度意味着要用白度高的面粉，而白度高的面粉有添加增白剂之嫌。我国自2011年5月1日起已明令禁止所有面粉生产企业使用过氧化苯甲酰等添加剂。

三是关注面粉的"后熟"。面粉所含半胱氨酸中的巯基是蛋白酶的激活剂，活化的蛋白酶会分解蛋白质，使面筋数量减少，弹力降低。而面粉在贮存一段时间后，就不会有上述现象发生。这是因为在储藏过程中，还原性极强的巯基会被空气中的氧氧化成二硫键，从而增加面筋出率和改善面筋质量。这一过程称为面粉的熟成。一般情况下，面粉的自然熟成期在1个月左右。所以，用户应与面粉供应商之间建立起相对稳定的供货关系，尽量做到使用贮存期1个月左右的面粉投料。当然，面粉的贮存期也不能过长。一般认为，即使仓储条件合格，贮存期超过6个月的面粉品质也会逐渐下降。

PART 3

（1）食用盐在烹调中的作用

食用盐的主要成分是氯化钠（NaCl）。食用盐在烹饪中具有调味、护色、防腐，以及能促使蛋白质变性、凝固等作用。

一是食用盐素有"万味之王"之美称。咸味是一种重要的基本味，它是所有味感之本。烹调往往是以咸味为基础，然后再配以其他调味料，表达出某种匀和而独具特色的风味。

二是食用盐作为一种强电解质，具有渗透作用。这种渗透作用一方面将食材细胞中的水分"挤压"出来，另一方面降低了食材的水分活度（AW值），这就破坏了微生物的生长繁殖条件，从而达到防腐保鲜的目的。

三是食用盐对烹制富含蛋白质的动物性原料的影响是多重的。一方面，在烹制动物性原料时若提前加入食用盐，会使肉的表面的蛋白质因失水而凝固。这层凝固膜阻碍了热能的传导，使肉块不能均匀受热，势必延长加热时间。另一方面，食用盐的提前加入，使蛋白质分子失水，其细胞不易膨胀，其中的凝胶蛋白和大量的无机盐物质也不易从细胞内渗出而溶于汤中，影响了汤汁浓度

和味道。因此，羊肉烩面制汤时，为避免制汤原料肉、骨的蛋白质提前凝固，而导致原料内营养成分和呈味物质不能充分溶解到汤汁中，在熬制羊汤的过程中是不放盐的。

四是为使人们在饮食中少摄入钠离子（Na^+），当今食用盐加工企业已推出了低钠盐，即用氯化钾（KCl）来代替一部分氯化钠，如70%的NaCl加30%的KCl。这种健康食用盐应在餐饮业中大力提倡应用。

（2）食用盐在面团调理中的工艺性能

一是食用盐中的 Na^+ 和 Cl^- 分布在面粉蛋白质的周围，能起到固定水分的作用，有利于提高蛋白质的持水性。通过水分子（H_2O）和 Na^+、Cl^- 的双媒介作用，使蛋白质吸水膨胀，相互联结更加紧密，从而使面筋的弹性和延展性增强。

二是由于盐水具有渗透作用，因而在和面时加入食用盐可使面粉吸水快且均匀，并有利于面团熟化。

三是食用盐对面团和生面条有保湿作用，并使煮熟的面条提高其柔软性且富有弹性。

四是食用盐具有一定的抑制杂菌生长和抑制酶活性的作用，能在一定程度上抑制面制品在高温环境下的酸败。

（3）食用碱对制面工艺的作用

食用碱的主要成分是碳酸钠（Na_2CO_3）。碳酸氢钠（$NaHCO_3$）又称苏打粉，也是食用碱的一种。我国古代先民们早已掌握了在和面时添加食用盐和食用碱以改善面团加工性能，提高面条品质的技术。在工业化制碱出现之前，人们用蓬灰水和面。蓬灰是盐碱地生长的蓬蒿焚烧后的灰烬，其中含有碳酸钾的成分。这种方法在豫西及陕、甘、晋地区曾得到普遍运用，直到20世纪末因其中重金属富集而被叫停。当今无论是在餐饮业或是食品工业制作面条时，都要在加入食用盐的同时，加入一定量的食用碱，以提高面团的加工性能。

食用碱对面团调理的工艺作用主要有：

一是与食用盐类似，食用碱能收敛面筋质，改善面团的韧性、弹性和延展性。

二是食用碱可以促进淀粉的糊化，提高面条的复水性。同时，碱能增加面粉黏度值，使面条煮后坚实；并缓和热量向面条中心传导速度，使面条在蒸煮过程中吸收更多水分，增进面条的口感。

三是食用碱能促使面条中的类黄酮物质与铁离子结合，使面条出现淡黄色。

四是加入食用碱能增加面条的光泽感。

五是加食用碱的面条略带碱性风味，煮时汤水不浑，吃时爽口不黏。

（4）食用盐和食用碱的使用方法

根据食用盐对面粉持水性的影响作用，食用盐的添加量应随面粉蛋白质含量高低和生产环境温度高低上下浮动。一般原则是：面粉蛋白质含量高则多加，反之少加；气温高时多加，气温低时少加。对烩面面团来说，加盐量要在面粉质量2%的基础上依"夏多冬少"的法则进行调节。

加碱量因不同地域、消费习惯不同而有差别，可在面粉质量的0.2%左右进行调节，但最大用量不宜超过0.5%。

粉末状食用盐和食用碱不可直接加入面粉中，而要溶化在和面用水中。配制和面用水时应按照"先碱后盐"的步骤进行，即先加入食用碱充分搅拌使其溶解，再加入食用盐充分搅拌使其完全溶解。在搅拌器具不方便的情况下，可分别将食用碱、食用盐投入适量的水里搅拌溶化，然后再按"先碱水后盐水"的次序兑入和面用水，使其充分混合均匀。

众所周知，畜肉的蛋白质和脂肪含量较高，还含有丰富的矿物质、维生素等营养成分，补充了面食的营养缺陷。因而普遍认为肉食有补脾胃、养气血、理虚弱、强筋骨等保健作用。而测定分析表明，羊肉的蛋白质含量接近牛肉的蛋白质含量，一般比猪肉高出很多；羊肉脂肪和热能高于牛肉，低于猪肉；羊肉胆固醇含量比牛肉低，尤其是大大低于猪肉的胆固醇含量。基于上述原因，传统正宗的燴面以羊肉燴面居多。烹制羊肉燴面所使用的肉类原材料，包括羊肉、羊骨、牛骨等。

（1）羊胴体的构造

烹饪行业所说的羊肉，是指肉羊宰杀后经剥皮并除去头、蹄、内脏后的整体带骨的胴体，亦称白条羊肉。羊胴体包括肌肉组织、骨骼组织、脂肪组织、结缔组织（筋腱、血管、神经、腺体等）等部分，其中肌肉组织和骨骼组织是烹饪羊肉燴面的重要原材料。

构成肌肉组织的基本单位是肌纤维。羊羔出生时肌纤维较细，从6月龄开始缓慢增粗，至9～12月龄时肌纤维的直径基本停止增加。肌纤维越细羊肉越嫩，相反肌纤维越粗羊肉越老，也难以煮熟。所以一般提倡肥育肉羊要当年屠宰，羔羊肉和肥羔肉商品价值高。

羊胴体经过剔肉作业剩下骨骼部分。羊的骨骼由骨膜、骨质和骨髓组成。骨膜覆盖在骨的表面，对骨骼有保护、营养等作用。管状长骨主要由骨密质组成，长骨两端和短骨主要由骨松质构成。骨髓存在于骨髓腔中。羔羊的骨髓是红骨髓，成年羊骨髓变为白色或淡黄色。骨髓富含脂肪、胶原蛋白及钙、磷等成分，是理想的制汤原料。

（2）羊肉的选购

一是选品种。

我国北方地区肉羊品种繁多，主要有本地山羊、波尔山羊、小尾寒羊、大尾寒羊、杜泊羊等。近年来羊毛产品销路不畅，湖羊等毛皮用羊也作为肉羊育肥后端上了人们的餐桌。古代称达官显贵、巨商富贾为"衣绫罗、食腥膻"之人，足见人们对鱼之腥、羊之膻是接受的。但也有很多人不喜欢羊肉的膻味。羊肉之所以有一种特殊的膻味，是因为羊体内除具有畜肉中普遍存在的三甲胺、氨基戊醛等可致腥臊味的物质外，还有低碳链的游离脂肪酸（如己酸、辛酸、壬酸、癸酸等）等致膻物质存在于羊肉的脂肪酸中。研究结果表明，羊肉膻味大小与肉羊的品种、性别（公羊比母羊膻味大）、年龄（成年羊比羔羊膻味大）、饲养条件（舍饲比放养膻味大）等因素关系密切。其中，饲养条件尤其是饲料构成是最主要的因素。一般认为"绵羊不膻山羊膻"。而在北方平原或丘陵、山区散养的槐山羊等本地山羊膻味较小，相反圈养的小尾寒羊、杜泊羊等绵羊膻味较大。曾有报道称，一家餐馆推出"裸烹羊肉汤"，是指选取山区放养的小山羊肉作原料，不放盐和任何香辛料，却几无膻味。自然的美味引来众多"羊肉控"的围观。（2014年1月16日《大河报》）

二是选体格。

中国山羊肉的规格标准有两种，即按膘度分级和按胴体重分级。按膘度分级标准定为三个级别。一级：肌肉发育良好，除肩部较高部位和脊椎骨尖稍外露外，其他部位的骨骼不突出，且皮下脂肪布满全身，但肩部与颈部脂肪层较薄。二级：肌肉发育中等，肩部、背部及脊椎骨尖稍外露，背部布满较薄的皮下脂肪，腰和肋骨有较少的脂肪浮现，背部和臀部有肌膜突出。三级：肌肉发育较差，骨骼的隆起部位明显地外露出体外，肉体的表面薄，脂肪层不明显。按胴体重量分级的标准是：胴体重 11.5 kg 以上为一级，7 kg 以上、不足 11.5 kg 者为二级，不足 7 kg 为等外级。以上两种标准在实际执行时，往往重膘情而将总重排其次。即若膘情好而总重不足的，可按高一个等级看待；而膘情差但总重达到某一等级者，可适当降级。

三是选肉质。

好的羊肉一般包括以下几项指标：一是肌肉丰满，肉嫩多汁，有羊肉固有的肉香味。二是肉块紧凑，美观。三是脂肪分布均匀，含量适中。四是肉质细嫩，肉的纹理呈大理石状；颜色呈红色至鲜红色；脂肪呈白色，黄色者不佳。一般来说，6~10 月龄的肥育羔羊其肉质可达到上述标准，且膻味不重。所以 10 月龄左右的羔羊屠宰最为合适。实际上，12 月龄以上的肉羊若继续进行肥育，饲料成本会上升，对养殖户来说并不划算。

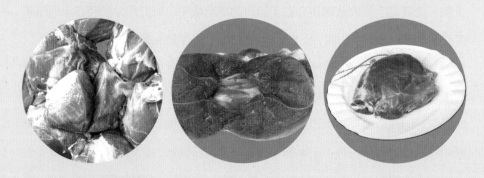

四是鉴别新鲜度。

鲜羊肉与冷冻羊肉的感官特征有所不同。未经冷藏的新鲜羊肉表面有光泽，肉质细而紧密，有弹性，气味新鲜，无异味。若肉质松弛，弹性极差，有氨味（臊味）或酸味，则是不新鲜的羊肉。若肉的表面疑似有黏液状物质，甚至呈黄绿色，则已腐败变质了。经过冷藏保鲜的羊肉，其肥瘦相间的肌肉部分应呈鲜红色且色泽鲜亮，脂肪部分也应洁白细腻；若肌肉部分色泽灰暗，脂肪部分颜色变黄，则说明已在冷库中冻了太长的时间或经历过反复解冻、再冻结的过程。

（3）羊肉的成熟

肉羊屠宰后，胴体的肌肉内部发生一系列变化。肉质由尸僵状态到解僵状态，再经过自溶的过程，使肉质变得柔嫩多汁并使滋味和气味得到改善。这一变化过程称为羊肉的"成熟"。羊肉完成成熟的时间与存放环境条件有关，一般在 0 ~ 4 ℃、相对湿度 90% 左右的冷藏间里，成熟的过程要经历 5~7 天。因此，羊肉不能像其他畜肉一样"五更屠宰，天明卖肉；早上分割，上午下锅"。餐饮企业要设置温湿度符合要求的羊胴体贮藏间，并科学管理，以保障每天都能使用成熟的羊肉。

（4）羊胴体的分割

羊胴体的肌肉分为以下几个部分：肩背部肌肉（约占 35%）、臀部肌肉（约占 40%）、颈部肌肉（约占 4%）、胸部肌肉（约占 10%）、腹部肌肉（约占 3%）、颈部切口肌肉（约占 1.5%）、前腿肌肉（约占 4%）和后小腿肌肉（约占 2.5%）。按其商品价值可分为三个等级：肩背部、臀部为一等肉，颈部、胸部、下腹部为二等肉，颈部切口、前腿、后小腿为三等肉。

对羊胴体进行分割作业是红案厨师的基本功。厨师首先要做到"剔骨务净，取肉毋碎"，这是提高出肉率、提升肉的利用价值的关键；其次是要保持骨骼带肉率的一致性，以保障制汤质量的稳定。

（5）牛骨、鸡架的选用

羊肉烩面制汤除使用主料羊肉、羊骨之外，还需使用牛骨，即牛胴体经分割作业后的鲜牛骨，以肋骨为佳（脊骨、腿骨破碎困难，下锅不易）。有时也可在制汤时加入鸡架（白条鸡经剔肉后的骨架）。牛骨、鸡架供货渠道不同，其品质和利用价值会有很大差别。为保障制汤质量稳定，牛骨、鸡架也要列入定点采购方案。

PART 5

烩面选料广泛，配菜合理。除主料小麦粉、肉类之外，配菜主要包括蔬菜类、菌藻类以及豆制品与淀粉制品。调味料主要包括调味菜和调料。调料中的天然香辛料置于下节专述。

（1）叶菜类

用于烩面的叶菜首选小白菜。小白菜亦称小青菜，属十字花科植物，南北各地均有栽培。其植株短小，叶片肥厚光滑，质地肥嫩。其叶片呈绿色，叶柄呈淡绿色或白色。小白菜柔嫩多汁，富含碳水化合物、维生素、钙、磷、铁等物质；且生长周期短，为常年均有供应的蔬菜。烹饪烩面时，取其芯部嫩叶，一般不超过 5 ~ 8 cm 的不用切短即可下锅，将为烩面增色不少。

叶菜类的油菜、卷心菜、生菜与小白菜有形似之处。但油菜有苦味，卷心菜有甜味，况且卷心菜、生菜易煮烂，都不适合用作烩面的配菜。

（2）干菜类

黄花菜又名金针菜，其为百合科植物萱草的花蕾。黄花菜可以入药，中医认为其性味甘凉，具有止血、消炎、利湿、明目、安神等功效。白居易曾有诗云："杜康能解闷，萱草可忘忧。"现代医学认为，黄花菜能治疗神经衰弱，使人忘忧安眠，主要是因其含有钙、磷等微量元素的原因。从食品营养学角度看，黄花菜含有丰富的蛋白质、维生素C、胡萝卜素、氨基酸等人体必需的养分，营养价值很高。黄花菜具有色泽金黄悦目、质感肥厚丰润的特点，烹调入汤后口感软香，增加汤的鲜美程度。因鲜黄花菜不易储存且含有毒素秋水仙碱，误食鲜黄花菜后，其中的秋水仙碱经肠道吸收后会氧化成"二秋水仙碱"，造成胃肠道毒性反应。所以，收摘鲜黄花菜后都要经过热水蒸煮，彻底破坏掉毒素，然后再经干燥成为干货储存。干黄花菜呈金黄色，有天然清香味。干黄花菜使用前要先用温水发制并漂洗干净，以祛除其中可能存在的硫黄（干货保鲜剂）成分残留。采摘鲜黄花菜时一般会在其柄上留下木质节结，发制时要将其除去。干黄花菜发制时不要切断，以免花蕊纰散。

（3）干果类

枸杞用于烩面，是近年来才兴起的一种"时尚"。据笔者观察，这可能源自特色茶饮"三炮台"的启发。（"三炮台"中茶叶甚少，以枸杞、桂圆、菊花为主要成分。）枸杞分红枸杞和黑枸杞两种。黑枸杞含有丰富的花青素，被誉为自然界花青素含量最高的果实。花青素是最有效的"天然自由基清除剂"。但黑枸杞中的花青素及其他部分营养物质往往在高于 60 ℃的温度下会遭到破坏，因此黑枸杞是不宜用作烹饪原料的。红枸杞性平味甘，富含多糖、维生素及锌、铁、钙等数十种人体所必需的营养元素，属于"全营养食物"之一。中医认为，红枸杞有很高的药效：可抑癌防癌，即防制癌细胞扩散和增强人体免疫机能；可降低"三高"，即对高血压、高脂血、高血糖有预防和治疗作用；可补精益气、养肝明目；可延缓衰老、美容养颜。中医在慢性肝病患者出现腰膝酸软、口干舌燥等肝肾阴虚征候时，主张服用枸杞。

在烩面中添加枸杞，其视觉效果大于营养意义。从营养学角度看，一人一天吃 50 粒红枸杞也不算多。但在一碗烩面中加 5 ~ 8 粒红枸杞就足以起到赏心悦目的效果了，再多加则有喧宾夺主之嫌。

选购枸杞要注意辨别真伪。好的枸杞个大、颗粒均匀、颜色暗红，用手抓有干燥感，说明糖分未受潮，可长时间存储放置。另外要察看枸杞的"柄"与"果"的分离处的颜色：若发白，可放心购买；若未见白头，说明可能已被人为上色了。

（4）菌藻类

金针菇

金针菇是伞菌的一种，其形似黄花菜，故名。金针菇肉质脆嫩，风味独特，富含蛋白质、碳水化合物、粗纤维及氨基酸，是名副其实的健康食品。金针菇在烩面中作为配菜是十分适宜的，但由于其外形酷似黄花菜，故一般不与黄花菜同时入馔。

黑木耳

黑木耳与银耳同属真菌，
同纲不同目。因黑木耳是黑色
食品，一向被人们推崇为"素
食之王"。化验分析表明，每
100 g 黑木耳含铁 98 mg，比动物性食品中含铁量最高的猪肝高出 5 倍，比绿
叶蔬菜中含铁量最高的菠菜高出 30 倍。中医认为，黑木耳有益气补血、润肺
镇静、凉血止血的功效。黑木耳还具有抗血小板聚集作用，能阻止胆固醇在血
管壁上沉积凝结，对动脉硬化具有较好的防治作用。黑木耳的这一作用与阿司
匹林功效相仿，所以一直被称为"食用阿司匹林"。更为可贵的是，常吃黑木
耳没有服用阿司匹林对胃粘膜的伤害等副作用。需要注意的是，黑木耳鲜品中
含有一种称为卟啉的光感物质，食用后若被阳光照射，则会引起皮肤病变或口
腔黏膜病变。因此，鲜木耳是不能食用的。干木耳是经过曝晒脱水的鲜木耳，
发制时又经过水洗浸泡，其中的卟啉成分得以祛除，所以是安全的。

海带

海带属褐藻门，其细胞
内层为纤维素，外层为褐藻
类生物特有的褐藻胶。海带
除含有蛋白质、碳水化合物、
粗纤维以及钙、磷、铁等元
素外，还含有丰富的碘元素。
海带因其独特的营养成分和
色泽，一般将其切成细丝作
为烩面的配菜。建议在使用时注意：一是要发开、洗净，以祛除砂粒杂质和减
少腥味；二是按海带宽度横向切丝，刀口要细，切条过宽则不易入味；三是用
量不要太多，每碗烩面 6～8 缕足矣。

（5）粮食再制品

豆芽

豆芽菜肥硕鲜嫩，形色俱佳。绿豆芽容易消化，有清热解毒、利尿除湿的作用。黄豆芽健肝养肝，尤其是维生素 C 含量较高。研究表明，黄豆在发芽过程中由于酶的作用，更多的钙、磷、铁、锌等矿物质元素被释放出来，从而增加了黄豆中矿物质的人体利用率。黄豆发芽后，胡萝卜素可增加 1 ~ 2 倍，维生素 B_2 增加 2 ~ 4 倍，维生素 B_{12} 是大豆的 10 倍，维生素 E 是大豆的 2 倍，尼克

酸增加 2 倍多，叶酸成倍增加，天门冬氨酸迅速增加。所以，吃豆芽能减少人体内乳酸堆积，消除疲劳。也许正因为如此，美国、日本等国已将豆芽菜列为国防上的唯一战备菜。

绿豆芽、黄豆芽均宜以自然形状入锅作为烩面的配菜。绿豆芽质地细嫩，焯水和烹饪时要采用"旺火、短时"的加热方法，以保持其脆嫩的口感。黄豆芽膨大的子叶体内会有抗胰蛋白酶和脂肪氧化酶，不易消化且有豆腥味，所以焯水和烹调时必须高温加热，把其中的抗胰蛋白酶和脂肪氧化酶破坏掉，才能成为营养丰富的美味食品。

粉丝

粉丝是以豆类或薯类淀粉为原料，利用淀粉加水加热后的糊化、凝胶特性加工制成的，其主要成分

仍为碳水化合物。

在烩面中加入粉丝要注意发制得当，烹煮火候到位，以免粉丝生硬不熟或烹煮过度而断条。再者，粉丝在入味过程中，吸味吸盐的能力是很强的，必须在调味时有所考虑。

豆腐丝

豆腐丝即千张丝。千张是利用大豆蛋白质的凝胶特性，将大豆磨成浆经加热煮沸后，添加适量石膏或盐卤等凝固剂，使大豆蛋白凝固而制成的豆制品。豆腐丝含水量不足豆腐的一半，但蛋白质含量却比豆腐高5倍。所以在烩面烹调时加入豆腐丝和加入粉丝一样，都是比较适宜的配菜。豆腐丝的吸盐吸味能力很强，建议豆腐丝不要加得太多，否则豆腐丝会"夺"去汤菜滋味，而其本身也入味不深、口感不佳。

（6）调味菜

葱

葱亦称大葱，我国北方的主要蔬菜之一。葱含有多种营养物质，富含维生素。其鳞茎含有挥发油，挥发油主要成分是多种含硫有机化合物，具有其特有的香辣味。叶鞘和鳞片中含有草酸钙、维生素、脂肪油和黏液质。脂肪油中含棕榈酸、硬脂酸、花生酸、油酸和亚油酸。黏液质的主要成分是糖类。葱有兴奋神经、促进食欲、开胃消

食的功能，生食可以驱寒发汗，具有杀菌作用。葱在烹饪中是较好的配料和调味品，能解除肉的腥味、异味。因此，在烹制羊肉、羊肉汤时，葱是重要的调味菜之一。

姜

姜为多年生草本植物。姜的块根气味芳香而特殊，味道辛辣，性味辛温，具有驱风寒、健胃、发汗等功效。姜是上好的调味品，尤其是与寒性食物或蛋白质、脂肪较多的原料配食，有祛腥增鲜、解腻利口的作用。干姜可入药，也是重要的香辛料之一。在烹制羊肉和羊肉汤时，主要使用鲜姜作调料。

芫荽

芫荽又名香菜，栽植面广，并可全年栽培。其属伞形花科，叶为绿色，叶柄呈绿色或淡紫色，主要的食用部位是叶部和嫩茎。芫荽含有钙、磷、铁、钾、蛋白质，尤其是维生素 C 含量较高。其含有的挥发油能够增加胃液的分泌，调节肠胃蠕动，增进食欲，帮助消化。芫

荽具有特有的浓郁的芳香气味，是主要的香辛叶菜之一。烩面出锅装碗时，在上面撒布适量芫荽，既是调味菜，又为烩面增色不少。（现在烩面馆多备小碟，将芫荽作为小料任由顾客自主选取。）

有部分地区烩面馆以调味菜荆芥叶代替芫荽。笔者认为荆芥叶有异味，况且叶大梗粗，不适宜作小料。因此建议不以荆芥代替芫荽为宜。

辣椒

辣椒主要品种分为柿子椒、牛角椒、尖辣椒等。柿子椒有甜、辣之分，

主要用其鲜果烹制菜肴。牛角椒、尖辣椒
一般辣度较高，成熟后晒干可方便储存，
是重要的调味料之一。辣椒含有蛋白质、
纤维素、碳水化合物、矿物质等营养成分，
尤其富含维生素C，并具有发汗、刺激兴奋，
帮助消化，增进食欲的功效。一部分食客
对辣椒有心理上的依赖，因为辣椒带来的
味觉刺激，能让人的情绪、压力得到释放。
而在烩面馆里，烩面烹饪技法的义涵是最
大限度地体现食材本味，不能以浓烈的畸
味入主出奴；况且为兼顾不能吃辣的顾客
的习惯，不能将辣椒直接入锅烹调。因此，
要将干辣椒粉碎入油锅煸为油辣椒，作为
另备小料请顾客自便。

　　风味化学研究表明，与水溶性的辣椒
汁、辣椒酱相比较，油辣椒中的油脂作为
风味成分的载体，其风味成分具有一定的
脂溶性。人的味觉受体分布在脂质膜上，

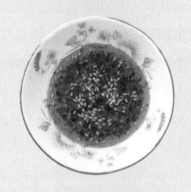

风味成分要有一定的脂溶性才能进入味受体。因此，风味成分通过油脂的"运
载"作用，更容易进入味受体，产生味觉信息。另外，风味成分以油脂为载体，
也更容易进入肉类食材的组织中，使菜肴的风味无论从食材本身或是人的味
觉都得到了加强。因此，用油煎炸辣椒的工艺对辣椒的增香提味作用是十分
显著的。

　　油辣椒不可以辣椒油代替。市场上供应的以正规萃取工艺生产的辣椒油
成本高，售价贵。虽然其货真价实、味道浓烈，但提取辣椒油后留下的辣椒残
渣都被移作麻辣酱的原料了，辣椒油中没有了油炸辣椒这种"高级固形物"，

消费者并不买账。油辣椒也不可以辣椒酱替代。辣椒酱属于水溶性调味品，含有很高的盐分。其配料复杂，往往加有面酱，而酱香味与烩面风味并不协调。一言以蔽之，作为烩面的正宗调味料，还是应该使用纯正的油辣椒。油辣椒在市场上少有供应，多由餐馆自行调理。一般来说，烩面馆的厨师都有烹制油辣椒的独门绝技，这也是展示技术水平、树立品牌形象的机会。事实上，多数大厨烹制的油辣椒因其油香浓郁、辣味丰满、色泽艳红、膏体滑腻，颇受顾客垂青。所以，食客也往往将油辣椒的质量作为评判烩面馆水平的标准之一。

有烩面馆备有芥末油代替油辣椒。对此笔者认为，芥末的辛辣气味往往刺激鼻腔和眼睛，影响品尝烩面的情趣，所以不建议烩面馆以芥末代替油辣椒。

糖蒜

糖蒜为大蒜的腌渍品。现代医学研究证实，大蒜集100多种药用和保健成分于一身，其中含硫挥发物40多种，另外蒜氨酸是大蒜独具成分。大蒜能够祛腥解腻，增香提鲜。食用大蒜能够刺激胃液分泌，助消化，增食欲。不过大蒜的上述功效多是在生鲜的前提下发挥出来的。若大蒜经过烹煮，其有效成分被破坏掉，很多调味功能也随之灭失殆尽。

由于生鲜大蒜气味辛烈，味道辛辣，人们不是在任何情况下都喜欢以生鲜大蒜佐食的。于是，腌渍大蒜应运而生。糖蒜是传统酱腌菜中深得消费者青睐的品种之一。糖蒜的腌渍工艺南北方各有不同。南方腌渍方法是：先用食盐腌渍蒜头，再用白糖腌渍蒜头，然后煮制盐水倒入糖渍坛中浸泡而成。北方则用白糖、食醋加焦糖色熬制卤水，将蒜头一并放入坛中浸渍而成。糖蒜呈白色或浅棕色，去皮后晶莹透亮，入口甜酸咸香，利口、解腻、辟腥膻，是吃烩面必备的调味小菜。一般烩面馆取几瓣糖蒜置于小碟中作为四色小料（精盐、油辣椒、芫荽、糖蒜）之一上桌，由食客自便。

（7）其他调料

植物油

食用油在烹饪中既是调味的原料，又是工艺的介质。食用油分为植物油和动物油两大类。因烩面原料中动物油脂已在煮肉制汤中大量使用，所以在烩面烹调过程中仅使用少量植物油。

植物油是以芝麻、大豆、花生、菜籽等植物种子为原料，采用压榨法、浸出法等工艺制取的食用油。根据使用需要，将大豆油、菜籽油、花生油、葵花籽油等两种以上植物油按比例进行混合，再经脱色、脱臭、脱酸等一系列加工过程，可制成各种调和油用于日常烹饪。植物油中的芝麻油又有普通芝麻油和小磨香油之分。普通芝麻油一般用压榨法制取，其色泽金黄、香味浓郁，是植物油中的上品。小磨香油是以芝麻为原料，采用"水代法"加工制取，具有浓郁的独特香味，是调味油中的极品。小磨香油如经高温加热，香味就会损失，故小磨香油一般用作凉拌菜的调味油或直接浇淋在汤菜上用以提味。

烹制烩面过程中主要有两处要使用植物油：一是在制坯、饧面工序。由于在制坯之后、抻面之前要使面团经历一个饧化过程，因此要在面坯表面涂覆少许植物油，以免面坯粘连。二是烩面出锅装碗后，一般要在碗里淋上少许芝麻油，以烘托其香气。这时要用纯正的小磨香油而不能用其他植物油代替。

顺便议一下以芝麻酱代替小磨香油的问题。芝麻酱可视为制取芝麻油的中间产物，即芝麻磨碎后未经提取液态油或少量提取液态油而产生的糊状物。其香味当然可与小磨香油相媲美。开封郊县有烩面馆将芝麻酱放入碗底，盛入烩面后同样取得香气四溢的效果。据考证，这是沿袭宋朝汴京"麻腻水滑面"的烹调工艺。然而经认真分析比较，这种芝麻酱烩面在味道上虽与加入小磨香油的烩面有异曲同工之妙，但是芝麻酱往往会在碗里形成大小不一的棕褐色油团，或者涂覆在面条上，影响了烩面清新淡雅的色调。所以，不建议用芝麻酱代替小磨香油为烩面调味。

味精

味精主要成分为谷氨酸钠，其水溶液有浓厚的肉鲜味。世卫组织对味精的安全性进行评估，结论是味精对人体健康没有影响，味精和核苷酸类增味剂（如 5′- 呈味核苷酸二钠）都是安全性最高的增味剂。使用味精，要注意三个问题。一是当有食用盐存在时，其鲜味尤其明显。如果在无盐的菜肴中加入味精，不但毫无鲜味，反而会呈现出一种令人不快的微腥味来。二是味精应在酸碱度近中性的菜肴中使用。如果在加有很多醋的酸汤中加入味精，没有必要。三是当把味精加热到 120 ℃或在 100 ℃的温度下长时间加热，则其内部成分将发生化学变化，生成一种称为焦性谷氨酸的物质，非但鲜味消失，且对健康不利。因此，加味精要讲究火候，一般在菜肴烹制完成将要起锅时再加入味精。

综上所述，建议烹制烩面应慎放味精。其理由：一是烩面的汤已足够醇香浓酽，不再加呈鲜的调料更能凸显羊肉汤的原汁原味；二是羊肉汤内是没有加盐的，在淡味条件下，多放味精会增加腥味。所以说应慎放、少放味精。另外，市售味精有等级之分。一级品谷氨酸钠含量达 95% 以上，三级品谷氨酸钠含量不足 80%，其余成分是氯化钠（食用盐）。这个常识厨师们也是要了解的。

烩面忌用酱油、食醋作调料

酱油中含有焦糖色，若在烹调烩面时加入酱油，会将烩面的汤色改变成令人厌恶的酱油色。再者，酱香味与肉汤的鲜香味并不协调。至于酱油成分氨基酸态氮的呈味功能，比起肉汤中的呈味物质来，更是微不足道的。所以，不建议使用酱油作烩面的调料。

中医认为，酸味的醋有收敛作用，会抑制阳气的生发。故醋与羊肉同食会使羊肉的温补作用大打折扣。《本草纲目》在提到羊肉时称："羊肉同醋食伤人心。"羊肉大热，醋性甘温，两物同煮，易生火动血。从调味的角度看，羊肉汤的鲜香与其他肉汤有别，醋的酸味不宜与羊肉汤的鲜味调和，所以不建议在羊肉汤中放醋。食客们在吃烩面时也不宜选用醋作调料。

PART 6.

（1）天然香辛料的化学成分

天然香辛料是指一类具有香、辛、麻、辣、苦、甜等特征气味的可食用植物的特定部位，多为植物的种子、根、茎、叶、花、皮、果实或全株。植物这些组织中除含有一般植物都含有的淀粉、脂肪、蛋白质、纤维素、无机物等成分之外，还含有能产生香气和形成风味的化合物。它们是以单萜和倍半萜类化合物为主的各种萜烯类化合物、萜的衍生物、小分子的芳香化合物、小分子的酚类物质以及含杂原子的化学成分。这些成分大多聚集在植物中的一特定组织即油细胞内。若干个油细胞排列成线状的称为油腺，组成较大团块的称为油囊。当油细胞或油腺、油囊受外力作用崩溃时，就释放出香气或风味成分。显微镜下可见，各种香辛料油细胞形态与分布各异。一般来说，叶类香辛料的油囊体积较大，位于表面；而木质香辛料的油细胞小而密，处于深层。考虑到油细胞的这种分布差异，为充分发挥香辛料的功效，在使用香辛料时要采用不同的烹调操作方法。

（2）香辛料的调味功能

香辛料应用于食品加工，主要起赋香、调味、矫臭、掩盖异味、赋予特征风味等作用，许多香辛料还具有抑菌防腐、防止氧化及药理功效。在烩面烹饪中，因为要使用多种肉类原料和菜品，尤其是要调制肉汤，所以香辛料是不可或缺的重要辅料。

就烹调羊肉烩面来说，使用香辛料一是为了遮蔽腥膻。烹饪实践证明，通过恰当使用香辛料，可以做到完全矫正或掩盖羊肉和羊肉汤中的膻味，使一部分原来不喜欢吃羊肉的人喜欢上了羊肉烩面的风味。这在多地品牌烩面馆的经营中得到了验证。二是为了提高风味。通过恰当使用香辛料改善食品风味，从而提高食品的质量与价值，使人们在感官上享受到饮食的乐趣，并且有利于食物的消化吸收。三是为了树立品牌。利用香辛料的赋香作用，通过科学调整香辛料的配方，使烩面形成一定的香型和品味，从而建立品牌的风味特色。诚然，风味的概念不仅包括菜肴的色、香、味、形、质、器，就餐环境及食物所衬托出的文化背景等对创建品牌同样重要。但毋庸置疑的是，食物的味道，即由人的味觉、嗅觉器官所感受到的化学性的滋味和气味才是第一位的。所以，每个品牌烩面馆都有自己独特的香辛料配方，且这个配方往往被视为企业的最高技术秘密。

（3）天然香辛料主要品种分述

就餐饮业来说，目前还是以使用具有赋香、调味、遮蔽异味功能的原始形态（即植物的种子、根、茎、叶、花、果实、皮或全株）的天然香辛料为主。这是原始的、传统的使用方法，也是最经典、最有效的使用方法。

八角茴香

八角茴香亦称大茴香、大料。香气浓郁强烈，味道为口感愉悦的甜、辛芳香味。它能有效矫除肉类中的腥臭气味，是中国及东南亚地区普遍使用的烹调原料。一般使用其干燥的种子，即整个八角。在烹调中可以粉碎成粉，也可以整体使用。

小茴香

小茴香为植物菜茴香的成熟果实。

小茴香具有与大茴香相同的辛、甜芳香气味，且比大茴香的气味更加细腻、丰满。小茴香味辛性温，增香气，压异味，为中西餐普遍使用的调味料之一。干货以颗粒均匀、质干、饱满、气味香浓者为佳。贮存中应注意干燥，避免潮湿。使用时若须粉碎，则宜在种皮破碎后立即使用，以免其有效成分挥发。

花椒

花椒是一种树干、枝、叶、果实都具有浓郁辛香的乔木。作为香辛料，使用的部位是其果实的种皮。花椒在中

国、日本和朝鲜半岛被举为诸调味料之首。生花椒味麻且辣，炒熟后溢出浓烈的芳香气味。其主要用于驱除肉腥味，是烹制海鲜、禽肉、牛羊肉时普遍使用的调味料。因其麻辣味突出，所以制作非特殊风味菜肴时应控制用量，以免影响基本风味。

肉桂

肉桂是樟科肉桂属植物。肉桂的枝、叶、树皮、花萼、种子中含有大量的芳香油成分。其树皮称桂皮，嫩枝称桂枝，小片的桂皮、桂枝称桂碎（或桂丁），树叶称桂叶（或香叶）。作为食用香辛料的肉桂多用其干燥的树皮（桂

皮）。肉桂气香浓烈，味甜辣。据考证，中国在周朝时即已开始使用肉桂增香。现代肉桂广泛应用于东西方饮食，在畜肉烹饪和肉制品加工中作为重要调味料之一。

陈皮

陈皮是柑桔成熟果皮的干燥制品，由于放置干燥后陈者为好，故称陈皮。陈皮味辛苦，富含右旋柠檬烯、橙皮苷等挥发油成分，故气味芳香。它用于烹调肉品，具有除异味、提味、解腻等功能，尤其是能增加菜肴的复合香味。

豆蔻

豆蔻又名白豆蔻，姜科豆蔻属。其果实如杏状，成熟后裂开，网状条纹的假种皮里面的核即是用作香辛料的豆蔻。豆蔻气味芳香，味道辛凉微苦，烹调肉制品时可祛异味，增辛香，使菜肴产生特殊的鲜香滋味。

草豆蔻

草豆蔻又称草蔻，姜科山姜属植物。其种子团呈长圆形或扁圆形，直径1.5～2.7 cm。草豆蔻辛辣芳香，具有祛除膻味，遮蔽异味，增加菜肴特殊风味的作用。在烹饪中可与豆蔻同用或代用。

小豆蔻

小豆蔻为姜科植物小豆蔻的干燥果实。其果皮质韧，不易开裂。种子团分为3瓣，每瓣种子5～9枚。种子气味芳香，特异而峻烈，味甘辛，有樟脑样清凉气息。小豆蔻是世界上最昂贵的香辛料之一。其香气强烈但挥发较快，所以粉碎后应立即使用，不可久置。

肉豆蔻

肉豆蔻又名玉果，肉豆蔻科肉豆蔻属常绿乔木肉豆蔻的干燥种仁。肉豆蔻具有浓烈的甘、辛香气，浓厚又极飘逸，有微弱的樟脑气息。其味浓厚辛香，辛辣中呈现苦的味感。肉豆蔻是肉类烹饪中常用调味料之一。

草果

草果是姜科豆蔻属植物草果的干燥成熟果实，有特异香气，味辛，微苦。草果浓郁的辛辣香味能祛腥除膻，增进食欲，是烹调牛羊肉的上佳佐料。

丁香

丁香是桃金娘科丁香属常绿乔木，用作香辛料的是其干燥完整花蕾。丁香油性十足，气味强烈，甘、辛且带有水果样香气，入口有明显的麻味。除了日本之外，众多地区都将丁香作为香辛料用于烹调菜肴，以获得其特异的芳香气和麻辣味。丁香气味浓烈，应把握好用量。

砂仁

砂仁为姜科植物杨春砂或海南砂的干燥成熟果实。砂仁味辛，性温。在肉类菜肴或肉制品中加入砂仁作调料，可使食物清香爽口，风味别致并略带清凉口感。

高良姜

高良姜为姜科植物高良姜的干燥根茎。高良姜气香，味辛辣，在我国南北广大地区普遍用作烹制肉类菜品的调味料。

白芷

白芷为伞形科当归属植物白芷的根。白芷气味芳香，有除腥祛膻的功效。白芷是肉制品加工中常用的调味料，尤其是在制作羊肉汤时不可或缺。

山奈

山奈亦称三奈，为姜科山奈属多年生木本植物山奈的根块状茎的干燥物。其中富含挥发油，具有较浓烈的芳香气味，在烹调肉类菜肴时加入含有山奈成分的复合调味料，可使食物的香味别具一格。

荜茇

荜茇为胡椒科胡椒属植物荜茇的未成熟果穗的干燥品。荜茇有特异香气，味辛辣，用于烹调肉类菜肴，可遮蔽异味，增加香味，常与白芷、砂仁、豆蔻等香辛料配伍，祛除肉类原料腥臊异味的功效十分明显。

辛夷

辛夷是木兰科落叶灌木望春花的花蕾的
干燥品。其有香气，味辛辣，是肉制品加工
和菜肴烹调中可与多种调味料配伍的香辛料
之一。

（4）香辛料使用原则

调味是烹饪学的精髓。"五味调和""调必匀和"历来是厨坛大师
们孜孜以求的理想境界。至于儒学家们把调味这种高深理论移植到待人
接物、修身齐家乃至治国经世上去，那只是对他们勾勒的社会模型而言
的一种文化意象，我们在这里不对其作国民性剖析。顾名思义，烹调就
是烹饪和调味。调味就是烹饪的过程中根据事先设计的菜肴基本味，针
对食材的原始味，遴选不同的调味料来灭殊味、平畸味、提香味、藏盐
味、定滋味，使各种味道益损得当，总体质味调和平衡。这里的关键词
有四个，分别是醇香、醇正、醇厚、醇和。醇香，是对每一味调料的要
求；醇正，每种味都要求是应有的、纯正的；醇厚，是对程度上的要求；
醇和，多种味料复合调味后的效果。

对于烩面烹调来说，是用天然香辛料来调和肉、汤的香气和味道。
而用于煮肉制汤的香辛料可以有多种配伍方案。要根据原料质地的不
同，香辛料本身质量和呈味功能的不同，处于不同地理物候环境的食客
对滋味的感受差别等要素，科学地设计配方，并通过实验优化配伍比例，
组成适用于自身产品的香辛料配方。

使用香辛料宜遵循以下原则，避免走入误区。

一是要简而不繁。

如前所述，烹制烩面的肉、汤适用的天然香辛料种类繁多，但按

其风味特征分，无非是芳香性香辛料、辛味香辛料、麻味香辛料、苦味香辛料和甘味香辛料几种。烹调实践中可依香辛料的特征风味，从每个类型中选取一至数个品种配伍使用即可。根据调研，中原地区烹制羊肉汤首选小茴香、八角茴香、花椒、姜、桂皮、陈皮为香辛料主要品种，而其他香辛料则是用来微调和修饰羊肉汤的风味的。因此，不必刻意追求使用香辛料的品种数，即不必过度标榜某烩面馆使用了"五香八大味""十八种香辛料"甚至"二十四种香辛料"的"秘方"。笔者认为，只要几个主要品种使用到位，配比适当，就能够实现风味定型。特别是有些性味功效相近的品种可互为代用，使用时要避免重复，切忌滥用。

二是要突出特色。

美食家梁实秋先生晚年在其著述中有感而发："大凡烹饪之术，多地不尽相同。即以一地而论，某一餐馆专擅某一菜数，亦不容他家效颦。"梁先生这里讲的"不同"，实质上是指"味"之不同。笔者亲历中原某城市众多经营羊肉烩面的餐馆中，有两三家老字号声名卓著。三者所用食材几近雷同，为何各有各的粉丝群？笔者遍访食客并亲自品尝后发现，其面的口感和肉的质量虽有些许差异但微不足道，主要是汤味各有特色，也就是说香辛料配比不同。例如，八角和小茴香的使用量，一家前者用量是后者的3倍，另一家后者用量是前者的3倍；再如，其中一家餐馆适当加大肉桂的使用比例，使汤之余味甘甜宜人。或者这种定型的滋味对食客先入为主，从而得到认可，或者经过潜移默化培育出食客对这种定型滋味的依赖，其结果都是："回头客"们认为"这家烩面好吃"。因此，要根据烩面馆所处的地理位置、物候条件、人文环境等因素，在确定风味定型的大前提下，通过适度微调香辛料的比例，建立产品独具一格的"风味识别码"。

三是要以变应变。

烹调是一个极其复杂的生化反应过程。反应条件特别是参与反应的物质发生变化，反应结果截然不同。在烹制肉汤时，无论是原料还是辅料，其质量都不可能始终保持一成不变，所以香辛料的使用也要以变应变。一是原料肉质量的变化。当今社会商品丰富，物流通畅，流通繁荣。除成规模的企业可以定点采购牛羊肉之外，一般市场上同一商店不同批次所供应的牛羊肉，其产地、品种、饲养条件、饲料构成、育肥期限等皆可能有所不同，这些因素都直接影响到肉的质量尤其是感官指标。这就要求按照原料风味质量的变化来改变香辛料的配方和添加量，以保持肉汤的风味指标相对稳定。二是香辛料质量的变化。当今香辛料大流通的格局已经形成，货源丰富，同一品种其产地、级别差异甚大，声称同一产地、同等级别的干货而质量迥异的现象时有发生。为此，要在尽量做到定点采购的前提下，在投料前对香辛料逐批抽样检定（观其形态、颜色，嗅其气味，直接咀嚼或煮水品尝其品质），然后确定其等级，并以此为依据调整香辛料的配方和添加量。笔者认为，不要照抄照搬别人的香辛料配方，也不要把书上的某一配方奉为圭臬，要自己研发适用的配方并适时调整，方为万全之策。

四是要正确认识香辛料的药理毒理。

首先，不要过分拔高香辛料的药用价值，为追求食疗作用而滥用香辛料。

博大精深的中医药学有"药食同源"的理论，绝大多数天然香辛料都可入药。例如，中药典籍《日用本草》记载，姜治伤寒、伤风、头痛、九窍不利，入肺开胃，祛腹中寒气，解臭秽，解菌蕈诸物毒。再如，中医认为：肉桂具有温脾、散寒、暖肾、止痛功能；丁香为温中散寒、降逆止呕的中药材；陈皮味辛苦、气芳香，是理气化痰的中药材；豆蔻有燥湿、暖胃、健脾、温中止泻、健胃消食之功效；草果味辛性温，入药具有温中、健胃、消食、顺气功效，主治心腹疼痛、脘腹胀痛、恶心呕吐、咳嗽痰多等，不胜枚举。现代技术从天然香辛料中提取出的数百种药用成分，进一步证实了天然香辛料的药用价值。

　　然而在烹饪学领域，肴馔的食疗价值应体现在主要食材的营养成分上。如羊肉烩面，其食疗、滋补功能主要通过小麦粉、羊肉及羊肉汤、主要配菜的营养成分来实现，而不是香辛料。其理由主要是：香辛料在菜肴中的使用量太小了。试作如下匡算：某一味香辛料若作为中草药在方剂中使用，每日一剂其单味药量应在 10 ~ 15 g 甚至 20 g 以上。而作为香辛料使用时，复配香辛料最大用量为菜肴的 0.5% 左右，即每 20 kg 菜肴里可能加入了 100 g 复配香辛料。设该味香辛料在配方中占比例为 15%，那么若要从菜肴中摄取 15 g 这种药材，至少需要为此吃下 20 kg 菜肴。这显然是不可能的。所以，不要试图用香辛料配置"药膳"，也不可以"按中医'君臣佐使'的用药原则使用了多种香辛料"为借口，夸大烩面的食疗功效。

　　其次，基于同样的理由，也不要无端渲染天然香辛料的毒副作用。

　　古代中医药典籍《黄帝内经》《诸病源候论》《神农本草经》等都记载多种中药材有一定毒性。现代医药学研究已确认了数百种中药材的毒副作用。天然香辛料既能入药，其中不少品种的毒物成分也已得到系统地分析研究，如茴香、肉豆蔻、胡椒等挥发油中含有黄樟醚、异黄樟醚和二氢黄樟醚等苯丙烯类衍生物。这些成分虽有毒性，但"毒物即剂量"，通过食物摄取入人体的毒物若极其微量，则应认为是安全的。上述茴香醚、肉豆蔻醚在香辛料精油中有一定含量，而换算为在香辛料原物中的含量就微乎其微了。何况如前所述，香辛料在烹饪中的使用量是十分有限的。另外，一类误导言论诸如"八角茴香是合成雌激素己烷雌酚的原料，不要吃"，把八角茴香这种常用香辛料"妖魔化"了。其实，用八角茴香作原料合成己烷雌酚，要经过一系列极其复杂的化学反应，绝不是"吃了八角茴香就是吃了己烷雌酚"。一言以蔽之，断章取义地罗织一些碎片化的科技知识作为排斥使用天然香辛料的理由，是经不起推敲的。大家不要"杞人忧天"，自寻烦恼。

享受烩面

烹·饪·篇
—巧夺天工的厨艺—

① 面团调理
② 煮肉与制汤
③ 菜品原料初加工
④ 烹调烩面

烹制烩面的标准工艺流程是：将用小麦粉和成的面团进行充分调理，以手工抻面的方法使面条成型；提前进行煮肉和制汤；并对配菜进行整理和初加工；然后用高汤烹制菜品，并将用清水煮熟的面条加入进行烩制，即可装碗上桌。上述基本工序中，每一步操作都攸关成品质量，其中的面团调理和制汤更是关键环节。

烩面的面团调理包括和面、揉面、制坯、熟化四个工艺过程，其中和面、揉面、制坯操作在成规模的烩面馆既可以手工操作，也可用机械代替手工，以减轻劳动强度，提高工作效率。

（1）和面工序

和面工艺原理

和面的作用是在小麦粉中加入水和食用盐等辅料，经充分搅拌，使小麦粉所含的麦胶蛋白和麦谷蛋白吸水膨胀，相互粘连，逐步形成具有韧性、黏性、延伸性和可塑性的湿面筋。与此同时，小麦粉中在常温下不溶于水的淀粉颗粒也吸水湿润，逐步膨胀起来，并被湿面筋的网络组织所包围，从而使原来松散而没有可塑性的小麦粉成为具有可塑性、黏弹性和延展性的湿面团。根据这一机理，以下两个因素对和面的工艺效果产生直接影响。

一是加水量的控制。如上所述，面粉中蛋白质和淀粉的水化作用和胀润作用是和面的关键。若加水量少，面粉吸水不均匀、不充分，则不能很好地形成面筋网络，无法得到加工性能好的面团。据测定，小麦粉中蛋白质的吸水能力为 200%～300%，淀粉的吸水能力为 40% 左右。如果以小麦粉中蛋白质含量为 10%、淀粉含量为 70%、小麦粉自身含水率 14% 进行匡算，和面时再加入小麦粉重量 60% 左右的水，才能满足小麦粉的吸水能力。若面团持水量不足，则面团加工性能不好，且产品品质尤其是口感很难差强人意。鉴于此，手抻烩面所用面团和面时加水量定为面粉重量的 50% 左右是比较适宜的。需要指出的是，面粉中蛋白质含量每增加1%，面团持水量相应增加1% ~ 1.5%，所以使用蛋白质含量高的面粉可以提高面团持水量。另外，在和面时加入适量食用盐，也可以起到提高面团持水量的作用。

二是水温的把握。和面过程中，面筋生成率与面团温度直接相关，即和面用水的温度对和面效果有直接影响。实验表明，蛋白质在30℃左右的温度下面筋生成率最高。故在我国北方地区，夏秋季节用温度为20 ~ 25℃的水和面是比较适宜的。但在冬季和早春季节，环境气温和管网水温一般都低于20℃以下，这时宜对和面用水采取加温措施。但注意不宜使用40℃以上的水和面。因为一旦面团温度达到50℃以上，蛋白质就可能产生热变性而影响面筋的形成。

手工和面

和面是白案厨师的第一基本功。

要选用合适的和面器具。若一次和面批量较少，可将面粉置于案板上进行；若一次和面批量较大，应在面盆（或面缸）中进行。

　　和面的操作要领：一是站立姿势要正确。身体直立，正对面案（面缸），两脚分开呈丁字步式，便于上身能稍向面案（面缸）前倾，这样在和面时才能用上力。二是分次加水。加水的方式是把面粉中部理出一个"凹坑"，把和面用水倒入坑中，然后立即将周围面粉向中间归拢，使其吸水后进行拌和，一般要将和面用水分为 2～3 次加入。三是和面手法采取"抄拌法"。即在和面时双手五指张开，插入面粉中，从外向内，从底向上，用手腕的力量反复抄拌，一直到面粉与水拌和均匀为止。和面完成后所得到的面团感官上应达到以下要求：面体均匀，色泽一致，通透、光滑，不夹粉粒。手工和面完成后应做到手不沾面，面不沾缸。

机械和面

　　当今食品机械制造行业为适应市场需求，开发出多种小型和面机具，如容量为 25 kg（面粉重量）、50 kg 的和面机，适合于一定规模的烩面馆使用。

使用和面机和面，要统筹考虑以下问题：一是小型和面机多为翻转缸体卸料，即和面完成后要将整个缸体翻转，才能取出面团，所以在后厨作业场地和工艺流程上要做好安排。二是小型和面机往往没有配套的喷淋加水装置，需打开缸体上盖分次加水，因此必须要设定好人工分次加水的操作规程。三是和面机搅拌器的形式、转速、和面时间的长短对和面效果产生明显的影响。在搅拌器的结构和转速已选定的情况下，和面时间的设定至关重要。和面时间过短，加入的水分难以与面粉均匀混合，蛋白质、淀粉与水接触不充分或者说还没来得及充分吸水，面团的加工性能就达不到要求。和面时间过长，面团温度随机械运转所产生的热能增加而升高，易造成蛋白质发生热变性，势必降低湿面筋的数量和质量，或使面筋扩展过度，出现面团"过熟"现象。所以应根据和面投料量，通过实验选择确定合适的和面机转速与和面时间。

（2）揉面工序

揉面工艺效能

揉面又称压面、轧面。和面形成的面团其麦胶蛋白、麦谷蛋白已经吸水膨胀并相互结合成面筋，但这种面筋网络还是分散的、不均匀的；淀粉颗粒吸水膨胀后也是松散的。所以，面团的可塑性、黏弹性、延展性都还未完全显示出来。为此，需要用外力反复对面团进行揉、搓、碾、轧，使面团中散在的面筋和淀粉粒集结起来，压缩蛋白质分子间距，以利于面筋结构的完整；并将疏松的面筋压延为紧密的网络组织，使其在面体中均匀分布。为了达到这一工艺性能，揉面必须达到一定的强度和一定的时间。

手工揉面

手工揉面在案板上操作。案板一般沿墙放置，以便在墙上开一圆洞作为压面杠子的支点。揉面的动作分为三种：推揉、撅揉和压面，三个动作也可反复交替进行。

推揉是用双手掌根把面团向外推动、摊开，然后从外向内折叠成团，再

按一定方向推揉。揉到一定程度，双手交叉把面团往两面摊开，重新折叠，继续用双手手腕的力量推揉。在操作理念上，既要把面团"揉上劲"，又要把面团"揉活"。"揉上劲"要靠力度。"揉活"要讲章法，即在每一遍只能向一个方向有秩序地推揉，不能左一下右一下，否则会破坏面团内形成的面筋网络，使揉面效果大打折扣，或者说把面团揉"死"了。

揿揉用于面团体积较大的情况。揿揉是双手握拳，用拳头交叉地在面团上揿压。这样的手法显然比推揉手法力度大得多。揿揉更要讲秩序，即每一遍揿揉都要在面团上按一定的层次排列进行，使每一拳着力点都排列均匀。揿完一遍后将面团卷起，再进行下一遍揿揉。

用压面杠压面更适于体积较大的面团。把面团置于案板上，压面杠一端插入墙洞或插入面案另一边专设的套环里，以墙洞或套环作为支点，手持压面杠另一端压轧面团。每压一次要移动一下压面杠的位置，使面团受力区域紧密有序排列。压过一遍后把摊开的面团卷起，旋转90°方向再压第二遍，如此重复进行。

手工揉面完成后所得到的面团是否揉匀、揉透？一是用手捏、握可以感知；二是目测，好的面团外观光洁润亮，内部组织结构细致、紧密、均匀。

机械揉面

这里讲的机械揉面，不是自动化的机械，而是借助简单的机具，由人工操作进行揉面的过程。目前市场上揉面机（压面机）品类有多种，一般成规模的餐馆购置小型的即可满足使用要求。小型揉面机由轧辊组合、传输带等部件组成。显然，适当调节轧辊的间隙，面团受碾轧的力度要比手工揉面的推揉、搋揉或使用压面杠的力度要大得多。实践中，

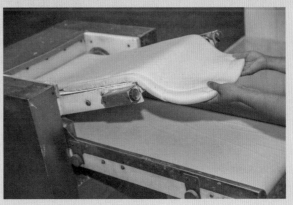

用这种小型压面机对面团碾轧 10～20 遍，可以取得极好的揉面效果。

（3）制坯工序

制坯是指将面团加工成一定重量的、一定几何尺寸的面片，作为抻面的坯子。制坯的目的一是为了方便抻面；二是为了计量，只有重量一致的面坯，才能得到重量一致的面条。制坯的工艺要求是面坯形状尺寸一致，厚薄均匀，平整光滑，无孔洞，无破边。制坯可以手工操作，也可借助机器。但制坯机一般产量高，投料批量大；且技术性能好的机器占地面积也大，适合大规模餐馆或中央厨房使用。

手工制坯

手工制坯的操作可概括为三个字：一"搓"，二"摘"，三"擀"。

搓，是将面团分切为长条状大块，然后双手对其边搓边捋，形成粗细均匀一致的一个圆柱形（圆柱体的直径为4 cm左右）的面带。

摘，就是摘坯子，也称"摘剂子"，是用左手握住面带，露出一个剂子的大小，再用右手的拇指、食指和中指掐住并摘下露

出的面带部分。摘剂子的操作要领有三条：一是右手每摘下一个剂子，左手要乘势将面带翻滚180°，以保障下一次摘下的剂子的圆整性；二是双手要配合默契，右手摘面的频率与左手供面的频率要保持一致；三是务必使摘下的剂子重量一致。摘下的剂子要用台秤逐个检查或抽检重量。面坯重量的设定要适中，面坯重量过大时，抻面操作要占用很大的场地和空间。若不是为了表演厨艺，在不宽敞的后厨操作起来是很不方便的。

擀，就是将摘下的剂子用擀面杖擀成一定的形状。面坯的形状一般是两端为圆弧状的面片。其长度一般为22 cm左右，宽度一般为7.5 cm左右，60 g重的面坯厚度为4～5 mm。这样尺寸的面坯，抻面工序会比较好用。

机械制坯

当前面市的制面坯机具从技术路线上讲都应称为辊切型。即制作圆辊状

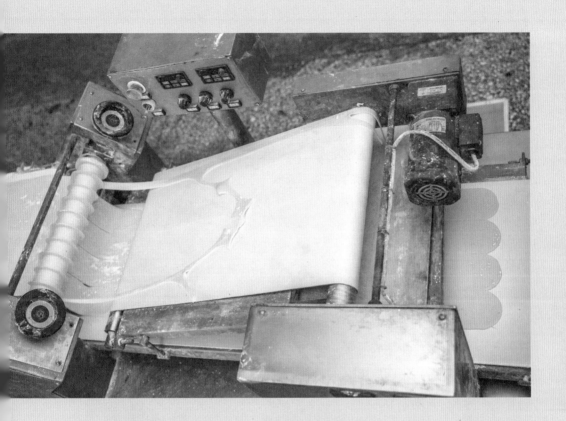

的切刀，将面团整理成 4 ~ 5 mm 厚度的面带，推送到切辊下部，切辊每旋转一周能辊切出 4 个面坯。这种机器在辊切方向上有两种截然不同的设计：一种是沿面带横向切出面坯，另一种是沿面带纵向切出面坯。显然，横向出坯的设计是极不合理的，其主要弊端在于它没有顺应面带的"纹理"，使抻面不能有效利用面带的组织结构；再者，辊切时面坯沿刀辊的轴向贴在刀辊上，不易剥离，容易粘连刀具。

纵向出坯的机器又有不同的版本。初级的机器切辊前边只有一对轧辊，送料困难且理出的面带极不规整，出坯废品率高；再者，切下的边角料须人工捡拾归集。现在已研制出了纵向出坯机器的升级版。升级版的优点在于：切辊前设置依次递进的 4 对轧辊，使面带整形细致规整，均匀一致，因此废品率极低。对于 60 g 重量的面坯，面坯称重误差可控制在 2 g 以内。该机器设计了边角料自动归集装置，可将切下的边角面头自动收集起来，而不用人工捡拾。这种机器产量高，占地面积也大，适宜于有一定规模的烩面馆或中央厨房使用。

（4）熟化工序

熟化亦称饧面，是把制成的面坯放置一段时间，借助时间的推移来进一步改善面体的品质和加工性能的过程。从理论上分析，熟化工序的主要作用有三点：一是使和面过程中尚未渗透到面粉内部为蛋白质和淀粉吸收的水分得到充分吸收，进一步形成面筋网络组织；二是促进蛋白质和淀粉粒之间的水分自动调节，使其达到均质化；三是消除和面过程中特别是机械和面过程中面团产生的内应力，使面体结构稳定。

熟化工序可以在面团调理初期，即和面后进行。而在餐馆烹制烩面的过程中往往是对面坯进行静置熟化，这既符合后厨的操作流程，也易与顾客点单后"叫起"的节奏合拍。（"叫起"是餐厅服务行话，意为"可以立即上菜了"！）所以在餐馆中一般都将熟化工序放在制坯之后。

熟化的方法是将面坯收集叠放于托盘内，一般每叠码放10层左右。为防止叠放导致面坯间相互粘连，可于面坯表面涂抹少许食用植物油。将码放好的面坯用湿布或保鲜膜覆盖，以避免面坯表层产生失水干裂倾向。熟化的时间与环境温、湿度直接相关，一般夏天时间要短些，冬天时间要长些；或者把面坯放置于温度较高的环境中，以缩短熟化时间。

PART 2.

（1）原辅材料预处理

羊肉的预处理

　　羊肉的预处理分为整理、切块、洗涤三道工序。首先要认真清除屠宰、运输、分割工序可能带入胴体上的污物，必要时对羊肉进行修割，割除肉块上的伤斑、血点、血污、碎骨、软骨病变、淋巴结、脓包、浮毛及其他杂质。然后将羊肉分切成块。分切时注意肌肉的组织结构，保持肌肉群的纹理，尽量不要把肌肉束切碎了，以提高熟肉的使用价值。切块的大小以每块 1 ~ 2 kg 为宜，过大的肉块不易煮熟。整理好的羊肉块放入水池中进行浸泡和漂洗。浸泡时间一般不少于 1 h。漂洗要反复进行、多次换水，以将肉块中的血水、杂质洗涤干净为目的。洗净后的肉块沥干水分，以备下锅。

羊骨、牛骨、鸡架的预处理

将羊骨、牛骨进行破碎处理。肋骨砸断即可，大的骨头如牛腿骨等要先斩断再劈开，鸡架无须截短。经过整理的骨头也要用清水浸泡和漂洗，除去污物和碎骨渣，沥去水分，以备下锅。应当了解的是，骨髓腔和骨松质之间有骨髓组织，幼畜的骨髓是红色的，随着年龄的增长，红骨髓逐渐为脂肪组织所代替，成为黄骨髓。成年动物的长骨两端、短骨、扁骨的骨松质内仍有红骨髓存在。在清洗时千万不可把红骨髓当作血污洗去。

香辛料的置备

煮肉制汤所使用的香辛料一般为干货，按配方比例将香辛料混合在一起后即可使用。为了使香辛料中的有效成分充分溶出，对八角、小茴香、花椒等有坚硬外壳的香辛料可进行破碎处理。但破碎后的香辛料若暴露在空气中，则其挥发油会迅速挥发，导致效力大减。因此，破碎香辛料要在使用前进行，破碎后随即使用。为了有效地减少香辛料落入汤中或粘在肉上不易清理，混合好的香辛料不要散开投入锅内，而要将其装入纱布袋中，然后把香辛料包放入锅内与肉、骨同煮。更有细心的厨师在锅上方系一绳子将香辛料包吊起来，使料包始终处于锅中间汤面以下位置，效果当然更好。

在使用香辛料时，葱和姜一般情况下都用鲜货而不用干货，所以既定的香辛料配方中往往未将葱、姜列入。煮肉制汤时要将大葱去掉须根和葱叶，留下葱白部分，洗净后用纱布包裹成一把；将鲜姜洗净切成大片装入香辛料袋，一并下锅。

（2）煮肉

"两洗，两下锅，三撇沫"，是煮肉的要诀。

在锅中注入清水，然后下入经充分清洗后的羊肉、羊骨、牛骨等材料。下锅时要先下入骨头，后下入肉块。

投料后，即用旺火将水烧开。这时汤面会浮现血沫等杂质，要仔细地撇去。同时将肉、骨等物料捞出，用清水冲洗干净后再次下锅煮。此时将香辛料包括葱、姜等放入锅中。同时要改旺火为小火，使汤保持在"微沸而不滚"的状态。如此持续煮2 h以上，其间要适时翻动肉块，使其受热均匀，并及时撇去汤面浮沫。

当肉被煮到"刚刚熟而不烂"的程度时，将肉捞出。捞肉之前应先关闭火源，使汤稍微降温。若在沸腾汤中捞出肉块，一是操作不易，二是肉块上易带杂质，三是肉块晾凉之后表面易发生干裂。捞出的熟肉要放在容器中自然晾凉备用。

（3）制汤

汤是中华烹饪的精髓。历史上的餐馆都有"无汤打烊"的传统规矩，即当日准备的高汤一旦用完，立即停止制售菜品。此规则被历代厨师奉若圭臬，传承至今。即使在味精、鸡精铺天盖地的当代，汤在烹饪中的地位也是丝毫不可撼动的。

"唱戏的腔，烩面的汤。"通过这句流传于市井的口头禅，制汤对于烩面的重要性可见一斑。笔者亲见一位烩面馆老板对他的厨工说："餐馆的名声，品牌的口碑，都押在了这一锅汤上。"

制作原汤

制作原汤的工艺流程是：将骨、肉等原材料经浸泡和清洗干净后下锅，用旺火烧开。将骨、肉捞出再清洗一次，同时把汤中浮沫、杂质撇干净。将骨、肉再次下锅，同时下入香辛料包，以中火保持"沸而不滚"的状态。在这个过程中，骨、肉中的营养成分和呈味物质逐渐析出，溶于汤中。另一方面，由于汤始终处于微沸状态，骨、肉等材料经受水流翻滚、撞击的力度较小，骨中胶原蛋白水解为明胶的作用较弱；食材中的磷脂析出有限，故而不能对汤中的脂肪成分起到很好的乳化作用。这些油脂因比重小而浮于汤面，很容易被撇去。当肉被煮至"熟而不烂"的程度时，把肉捞出，撇去浮油，即得原汤。

制作清汤

原汤继续以中火煮制，使骨头中营养成分和呈味物质进一步充分逸入汤

中。到一定程度时捞出骨头，加入"鸡茸"进行"吊汤"。鸡茸是用鸡脯肉等剁成的肉茸，取其"清扫杂物"之意。"吊汤"的机理，一是利用肉茸中蛋白质凝胶分子的吸附能力，来吸附汤中细小的杂质和悬浮物；二是鸡肉茸的营养成分可有效提高汤的鲜美程度。肉茸下入汤锅中之后，其蛋白质分子受热变性，能将汤中杂质凝聚而形成浮沫。撇除浮沫得到的清汤，虽看上去清澈见底，但其浓度和鲜度却是无与伦比的。能达到汤色清亮、汤汁醇厚、味鲜利口、歠之挂唇、留香持久的境界。顺便一提的是，坊间有以鸡蛋清或牛血作"茸"来"吊汤"的。但实践证明，血水或蛋清在起到吸附杂质和凝聚浮沫的作用的同时，往往会给汤带来不良气味，使汤的风味质量下降。所以，建议不要用血水或蛋清代替鸡茸来"吊汤"。

制作白汤

制作白汤时，一般要加大富含胶原蛋白的原料（如羊骨、牛骨）的分量。将原料冷水下锅后以旺火煮沸。骨、肉中的血红蛋白首先溶出，吸附一些杂质并变性凝固，形成浮沫，应随时撇去这些浮沫、杂质。按前述制作原汤的工艺进行操作，捞出熟肉、得到原汤后，用中、高火继续加热，保持汤的沸腾状态。在制汤原料中的营养物质如磷脂、胶原蛋白、无机盐、维生素等逸出进入汤内的同时，由于水的翻滚和冲击作用，脂肪成分被撞击成小油滴状而分散于汤中。胶原蛋白在剧烈的震荡力作用下，螺旋状结构首先被破坏，接着发生不完全的水解生成明胶。明胶是一种亲水性很强的乳化剂，明胶分子与磷脂分子上的非

极性基团伸向脂肪颗粒，将其包裹在里面，阻止了脂肪颗粒（油滴）的聚集。而明胶分子与磷脂分子中大量的亲水基团与水结合，使包裹油滴的分子团稳定地分散于汤水中，形成"水包油型"的乳浊液，成为汤色乳白、汤体浓酽、质味醇正的白汤。

（4）肉与汤的取舍得宜

煮肉、制汤的工艺原理表明，煮肉与制汤相辅相成。而制汤工艺涵盖了煮肉工艺，汤以肉为主要原材料，熟肉是制汤的"副产品"。既要制得美味的汤，又要兼得高质量的熟肉，就需要科学地把握火候，做到取舍得宜。

如前所述，在煮肉的过程中，随着肉的由生变熟，其肌肉组织内部发生了一系列复杂的化学反应。这些化学反应生成的香味物质和肉中的营养成分不断逸出，分散到汤中，使汤中的营养成分和呈味物质迅速增加，达到一定含量后成为营养丰富、味道鲜美的肉汤。反观这一过程，肉中的营养成分和香味成分随着煮肉时间的延长会有更多损失。与此同时，肉在高温下长时间烹煮，其肌球蛋白已伸展的多肽链会发生断裂，并由于副键作用而互相交联，使肉体卷曲、收缩，肌纤维变硬。当上述一系列变化达到一定程度时，不但肉的营养成分以及色、香、味、形指标有所下降，而且食之口感粗糙，如同嚼蜡，从而大大降低甚至完全失去食用价值。诚然，如果正确把握火候，及时将肉捞出可避免产生这种结果。况且及早终止煮肉还能够显著提高熟肉出肉率。然而，考虑到从汤锅中捞出的肉是不须经过酱卤等再加工而直接用于烩面的，所以肉要熟而不夹生是起码的要求。由此看来，在煮肉、制汤过程中何时将肉捞出，的确是一个需要权衡的问题。有经验的厨师具有使肉和汤损益得当的洞察力，他们精准掌握火候，当肉被煮到"刚熟而不烂"的程度时，立刻将肉捞出，而留下骨头等材料继续煮汤。从而达到熟肉与高汤兼得的完美结果。

（5）煮肉制汤禁例

一是为了保证煮肉、制汤质量稳定，投料量必须标准化，水、肉、骨、香辛料等原辅材料的质量、重量务必精确控制。要杜绝一边捞出熟肉一边加入生肉，或一边取用肉汤一边添加清水的做法。切实做到批量投料，规范操作，一锅一清。

二是烩面用汤讲究一个"鲜"字。鲜汤不但味道鲜美，而且能够最大限度地避免肉汤腐败或产生嘌呤、吲哚、亚硝酸盐等可能引起的安全问题。当天制得的高汤若用不完，不能放到第二天再用于烹制烩面，更不能兑入第二天制得的鲜汤中混合使用（当日用不完的汤并不是一概废弃，而是可用来调制成卤汤，以其制作酱卤菜肴）。鉴于此，必须厘正一个概念：烩面馆是不能挂"老汤烩面"招牌的。不言而喻，烩面馆挂"老汤"牌子的初衷，无非是强调自己的汤"一贯遵循传统古法调制"。但由于民间俗称卤制菜肴的卤汤为"老汤"，且认为年份久远者为佳，因此"老汤烩面"就容易引发歧义。倘若某家烩面馆被广大食客误认为不是使用当日熬制的鲜汤而是使用"隔夜汤"甚至"陈年老汤"来烹制烩面，那他就只能"闭门谢客"了。

三是从煮肉、制汤的理念上讲，煮肉是为了制汤，制汤是第一位的，不妨把熟肉看作是制汤的"副产品"。鉴于此，只能把定量的，经修割、整理清洗干净的羊肉下锅，而决不能投入头、蹄、下水（红内脏、白内脏）。头、蹄、下水即使清洗得再干净，也会给汤中带入不良气味，这种汤是绝对不能用作烹制烩面的。若烩面馆要售卖头、蹄、下水类菜肴，则应专灶专锅煮制，专门调制卤汤，专锅卤制。决不能与烩面的煮肉制汤共用锅具，交叉作业。

四是煮肉制汤过程中不放盐。煮出的熟肉只有经香辛料调味后的熟肉应有的香味，而不是五香羊肉的味道，更不是酱卤羊肉的味道。如果在煮肉过程中放盐，试图煮出五香羊肉来，那么这锅高汤就不能用以烹制烩面了。要认识到，高汤是烩面专用汤，熟肉是烩面专用肉。烩面馆若要售卖五香羊肉或酱卤羊肉等菜肴，应以熟羊肉为原料另行加工。加工过程中，调制卤汤、卤制、酱制等一系列操作所使用的锅具，均不得与上述煮肉、制汤和烹制烩面的锅具混用。

PART 3

（1）焯水

焯水就是把菜品放入开水锅中进行煮或烫，使其达到一定的成熟度。焯水对菜品的影响主要有：一是经焯水后的蔬菜、干菜往往变得质地润泽，色彩鲜艳；二是焯水可以有效地除去某些原料菜的不良味道；三是焯水可以调整不同原料的成熟度，便于多种原料一起烹饪时能够同时成熟，避免成品中不同菜料生熟不一；四是焯水也有明显的副作用：蔬菜所含的维生素、无机盐类既怕高温，又易氧化，且溶于水，焯水会使其营养价值受到很大损失。但从烹饪菜肴的全局来看，焯水还是一项必须的技术措施。问题的关键在于如何掌握焯水的火候，把营养成分的损失减小到最低限度。

根据原料的不同性质，各种原料要经历不同的焯水时间，所以各种原料要分别单独焯水，而不要将不同原料放在一个锅中同时进行焯水。分别焯水还可以避免原料互相串味。

涉及烩面的配菜焯水时，要做到水量宽裕，旺火加热，沸水下料，适度翻动，控制好成熟度。不言而喻，控制成熟度的方法就是控制焯水时间。蔬菜类焯水按原料的受热程度分为三个层次："煮""汆""撢"。"煮"是将原料下入沸水后经过一定时间的煮制后捞出，原料的受热时间较长；"汆"是将原料下入沸水后经过翻动，水再次烧开即捞出，原料的受热时间较短；"撢"是将原料下入沸水后翻动一下即刻捞出，原料的受热时间极短。现将几种菜品焯水的操作要领例举如下：

粉丝

将干粉丝放入清水中涮一下除去灰尘，下入沸水锅中煮，适度搅动。根据粉丝质地不同、原料不同、粗细不同掌握时间，当粉丝的"硬心儿"即将消失时立即捞出，于清水盆中淘凉备用。

豆腐丝

豆腐丝本来就是熟制品，但为了祛除其"豆腥味"，要投入沸水中"汆"一下捞出，晾凉备用。

黄豆芽

黄豆芽要择去根须，淘洗干净。黄豆芽焯水火候不好拿捏。如果焯水时间短，其两片肥大的子叶体不熟，子叶体内含有的抗胰蛋白酶和脂肪氧化酶没有被破坏掉，吃起来口感差，且有大豆独具的"豆腥味"；如果焯水时间长，豆芽的脆嫩质地消失殆尽。为了找到一个最佳平衡点，有经验的厨师会倾向于子叶尚未完全煮熟时将其捞出，再放入清水中淘凉。

绿豆芽

绿豆芽要掐去两头，以清水漂洗干净后使用。因其质地细嫩，所以一部分厨师认为鲜生豆芽不必焯水而可以直接使用。而也有一部分厨师认为绿豆芽经过焯水要比使用生豆芽做菜好。笔者支持第二种观点。即将绿豆芽投入沸水中"撢"一下，立即捞出，放入清水中淘凉备用。因"撢"的时间极短，对绿豆芽脆嫩的质地影响很小，且能够"杀"一下绿豆芽的"青气"。之所以用"掸"而不是"汆"，是为了尽量缩短焯水时间，不使绿豆芽过度受热而失去脆性。

（2）涨发

经自然干燥或人工脱水加工的食材，称为干货。干货质地有干、硬、韧等特点，不能直接应用于烹调，必须经过涨发，使其基本恢复原来的形态和质地。根据干货的品种不同，涨发的方法有水发、油发、盐发之分。涉及烩面的干货为干菜、干果、菌藻类食材，应用水发即可达到涨发的目的。

水发干货是利用水的溶解性、渗透性及原料本身含有的亲水基团的持水性，使原料重新吸收水分。当食材与水接触时，细胞外的浓度小于细胞内干物质的浓度，由于渗透压的作用，细胞外的水分通过细胞膜，逐渐向细胞内部渗透，使原料吸收一部分水分。与此同时，原料蛋白质中的亲水基团，通过氢键可以结合一部分水分。另外，由于原料干制后其组织形成的多孔状态，通过毛细管效应，使食材再吸收一部分水分。通过以上吸水机制的共同作用，食材就会膨胀、回软。

水发可采取冷水发制或热水发制。冷水发制是将干货放在冷水中，通过浸泡和漂洗，使原料慢慢胀润、回软，同时把原料所带的沙尘、杂质清洗干净的过程。热水发制是将干货放入一定温度的热水中，利用热的传导作用，促进食材加快吸收水分而膨胀、回软的过程。热水的温度、泡发的时间，依据材料的品种、质地进行调节。现将烹制烩面常用干货中水发操作的几个品种例举如下：

木耳

木耳质地细嫩，用 40 ℃左右的温水泡发比较适宜。（黑木耳若经 70 ℃以上的热水漂烫，其胶质组织不能正常复原，影响口感。）把干木耳放入温水中浸泡，待胀润、回软后小心地洗去泥沙，择去根部木屑、杂质，用清水漂洗干净。涨发后的黑木耳可继续延长浸泡时间，使用时再

从清水中捞出，沥干水分，以利于进一步清除卟啉成分残留。

黄花菜

黄花菜在干制时已经过焯水处理，所以把黄花菜干货浸入温水后很快即可复水变软。但为了清洗掉干货中可能存在的硫黄（干货保鲜剂）成分残留，换水再泡洗一次为好。然后小心地摘除花柄根部的木质结节，用清水漂洗干净，沥干水分备用。

金针菇

将生鲜金针菇清理干净，入锅焯水，然后沥去水分备用。焯水后的金针菇作为黄花菜的代用品，效果颇佳。

海带

海带因其体形宽大、质地厚实，需用热水充分浸泡才能涨发。当其胀润回软后，要对海带表面的泥沙进行清洗，并刮去表面一层黏液状物质，这样可以祛除其不良气味。将涨发的海带按横向切条或切丝，即可用来制作菜肴。

但作为烩面的配菜，海带在烹制烩面过程中受热时间短，与其他菜品相比往往会有不熟的感觉。所以发制后的海带切丝后，要再进行焯水，即下入沸水锅煮一下，一方面提高了海带丝的成熟度，另一方面可进一步祛除海产品的腥味。焯水后的海带丝用清水淘凉，沥干水分备用。

枸杞

枸杞果要择去果柄，用冷水漂洗干净即可使用。

（3）切配

熟肉的切配

一碗烩面端上桌，首先映入食客眼帘的往往是那几片羊肉。肉的分量多少自不必说。肉的形状、组织结构是食客评价烩面档次的主要指标之一。烩面中的羊肉大体分为肉片、肉丁两种类型。据笔者调研，似乎喜欢肉片的食客要比喜欢肉丁的多。换言之，以精湛的刀工将熟羊肉切成琥珀色的或带有大理石状纹理的薄片，能够提高熟羊肉的商业价值。

训练有素的厨师采用"直刀推切法"切分熟肉。具体操作方法是：将肉块置于砧板上，识别肌肉纤维束的走向后，按自右而左的顺序片切肌束的横断面。推切时左手把握住肉块，右手掌刀。刀与原料垂直，刀刃前部首先切入，然后使刀刃由后向前、自上而下匀速平动。在意念上将着力点放在刀刃后部。一刀下去，推切到底（前后刀刃同时接触砧板）。推切刀法的要领在于：力度恰如其分，不拖拉，不回刀。不能用刀刃前推后拉地"锯切"，同一刀口不能二次下刀。按照这一要领，切出的肉片能保持肌肉束横截面的形状，可能呈现出大理石状的纹理，能最大限度地减少碎肉掉落；并且截断了肌肉纤维，食用口感好，易咀嚼，不塞牙。每切完一块肉，要在左手扶助下用刀将肉片按原有顺序铲起，并按原来次序码放在盘内备用。

菜蔬的切配

菜蔬的切配原则是：维持天然，弃繁就简，防止过度加工。如小青菜，择去黄叶、大叶，取其芯部嫩叶，以清水冲洗干净后沥去水分。（小青菜要先洗后切，以减少水溶性维生素等营养素流失。）超过8 cm以上的切为两段，8 cm以下的不用改刀即可下锅。这样处理

小青菜能提高菜肴的观赏价值。

再如黄花菜，发制后择去花柄根部即可使用。超过6 cm以上的切为两段，6 cm以下的不用切断。黄花菜若切成短节则其花瓣、花蕊容易散开成为碎屑，失去了黄花菜的感官价值。

需要指出的是，海带丝要切细一些（2～3 mm），千张丝（豆腐丝）也是细一些的好（3 mm左右）。原因是海带丝、豆腐丝都要经历一个"入味"的过程。若切丝太粗，则"入味"不易，食用时味感较差。

再者，用心的厨师在粉丝焯水时，会将干粉丝适度折断（一般每段长度保持在15 cm以下）。这是为了让那些筷子功夫不够精湛的食客在就餐时不至于太尴尬。

（4）置备小料

这里说的"小料"，专指伴随烩面上桌的调味品。"另备小料，请君自便"是餐饮界的好传统，应予发扬光大。按传统规制，一般餐馆的小料是由前厅服务师负责调制，而不由后厨操作，顾客就座前餐桌上已将各色小料摆布整齐。但烩面馆则与之不同。烩面馆的小料由后厨制备，以小料专用的寸碟（亦称醋水碟）分装，摆放在传菜的托盘里，准备与烩面同时上桌。当今在稍有档次的烩面馆里，已基本看不到过去那种餐桌上放一碗辣椒、一碗食用盐供食客共用的不文明景象了。

一般烩面馆供应的四味小料是：食用盐、油辣椒、糖蒜和芫荽（香菜）。

食用盐

采购食用盐时一般要选购无碘盐，并告示食客，以便不能食用加碘盐的特殊群体也能食用。现在已有2g或1g的小包装餐桌专用盐供应，建议有条件的烩面馆选用。

糖蒜

如前所述，糖蒜腌渍法南北有异，风味也不相同，应根据当地食客的习惯口味进行选择。鉴于腌渍糖蒜的技术并不复杂，有条件的烩面馆不妨自行腌制糖蒜，既能节约成本，又能突出自己的风味特色。

芫荽

芫荽的初加工要择去须根、黄叶和大梗，用清水漂洗干净。清洗时不妨适当延长浸泡时间，以使芫荽枝叶充分吸水，保持挺拔。清洗后沥干水分，并散开放置，便于晾干菜叶上的水珠。切配芫荽要用干净的刀具和砧板，以避免芫荽染上异味。切分的尺寸，菜叶和叶柄可适当长一些（2 cm左右），细梗部要切短一些（1 cm左右）。

芫荽的初加工要掌握好时间，以保证在上桌时处于水分饱满、茎叶鲜嫩的状态。如果初加工后放置时间过久，不但外形萎蔫、"颜值"下降，而且因其挥发油散发导致芳香气味有所损失。

油辣椒

餐馆手工制作油辣椒的工艺如下：选择个

大、肉厚的尖辣椒的干制品为原料，颜色鲜红、完整者为佳，杂有土黄色、破碎者为次。经分拣筛选，祛除果梗、果蒂和尘土、杂质。若水分大，则要进一步晒干或用微波机烘干，然后进行破碎。破碎的粒度不要太小，尽量减少粉状物，以 2 ~ 3 mm 的片状为佳。将粉碎后的辣椒置于炒锅中，加入预热到 70 ℃左右的植物油进行掺和。要边加油边搅拌，直至全部辣椒都均匀地得到油的浸润、没有干粉为止。然后打开火，再适量加入热油，加紧搅拌翻动，当油温达到 120 ℃左右，将辣椒炒出香味时立即关火。整个用油量应以辣椒全部被油浸透、成品静置后辣椒上面能看到渗出的油为度。操作的关键控制点，一是把握好油温（火力大小）和加油量；二是掌握翻炒的力度和技巧；三是预估关闭火源后热油对辣椒的持续煎炸作用，防止辣椒受热过度而焦煳。

PART 4

（1）现场准备工作

分配菜品

烩面所用菜品种类多，形态各异，掌勺厨师在灶上逐一撷取比较麻烦，特别是不易精准定量。因此，事先要将每碗烩面所用菜品分别定量捡取，集中于一个盘中，便于厨师操作。

配菜的原则是简而不繁。单品分量上宁少勿多，品种上宁缺毋滥，同类菜品不同时使用。如此做法的目的是突出主料。烩面的主要成分应是面和汤，若配菜太多则有喧宾夺主之嫌。例如，小青菜3～4片嫩叶即可；黄花菜2～3条正好；枸杞果5～8颗足矣；整朵的水发木耳要用手掰开（不要用刀切），用数瓣就够了。再如，海带丝6～8缕即很惹眼。有了黄花菜，就不必再用金针菇了。绿豆芽、黄豆芽不要同时使用，择其一，8～10根即可起到点缀效果。特别需要指出的是，粉丝、豆腐丝的使用更要多加斟酌。粉丝、豆腐丝都属于"吸味"的食材，即其本身原来并不具备好的滋味，要依赖汤汁或其他食材对其入味才能成全其美味。（众所周知，扬州煮干丝的美味闻名遐迩，但那是吸足了鸡汤与火腿的鲜味。）烩面中加入的粉丝、豆腐丝都属于淀粉再制品，若在烩制时入味不到位，则吃起来口感不佳。若充分顾及粉丝、豆腐丝的入味，则会影响面、菜、汤的整体调味设计。因此在实践中，一般是有了粉丝，就不再用豆腐丝，且粉丝用量也要适当。

各种菜品的具体分量和配菜总量，应与汤和面的多少相适应。要通过实验

来调整配菜重量，列出菜单。由专人根据菜单施行流水化作业，把每份烩面所用菜品有序摆放在盘子内，然后将盘子码放于灶台合适位置，以方便厨师取用。

分配熟肉

之所以把分配熟肉与分配菜品分列，是因为熟肉不是与其他菜品一起下锅，所以熟肉不能与其他菜品混放在一起。因为切好的熟羊肉已被晾干，且切片较薄，所以很容易破碎。捡取熟肉的要求是：尽量避免肉片破碎，尽量避免把原来按规矩摆放的肉片弄乱，尽量精确把握分量。应由专人使用专用工具按设定的重量夹取熟肉，保持原来切肉片时错层叠放的形状，摆放于盘子里，将盘子码放于灶台旁合适位置备用。

分配调料

将用作盛烩面的空碗摆放于灶台旁合适位置，在每个碗底部放入食用盐等调料。

食用盐要尽量少放，以一般食客都感到"咸味不足"为度。如此可以给食客留下自行加盐调味的余地。

味精产品按谷氨酸钠含量高低分级。级别高的味精谷氨酸钠含量在95%以上，另外的5%是氯化钠（食用盐）。级别低的味精谷氨酸钠含量可低至不足 80%，另外的 20% 是氯化钠（食用盐）。因此，应在严格限制味精用量这个大前提下，按照味精级别不同掌握味精用量，并相应调整食用盐用量。

烩面中加入小磨香油能为烩面增香提味，被人们比喻为"画龙点睛"。小磨香油加入的方式有两种：一种是将小磨香油与食用盐、味精同时放入碗底，再把烩好的汤、菜、面盛入碗中上桌；另一种是碗内只放食用盐、味精，当烩面盛入碗里之后再将小磨香油淋在上面。支持第二种方式的理由是，小磨香油最后淋在烩面上，更利于香气随着蒸汽的升腾而发散出来。支持第一种方式的理由是，经现场比较实验发现，按第二种方式淋上的小磨香油往往会在汤面某几个区域成片聚集，难以分散开来；而按第一种方式放入碗底的小磨香油，经汤、菜、面入碗时的"冲击"，会形成细小的油花四散开来，不但在嗅觉上、味觉上，而且在视觉上都给人以好的印象。

小料和餐具的准备

分别取适量的食用盐、油辣椒、糖蒜和芫荽放入四只调料碟内。其中芫荽的量要大一些。

把传送烩面的托盘放在案子上。在每个托盘中合理位置放置四色调味小料，并放置筷子和汤匙，托盘中部留出放置一碗烩面的位置。

以上现场准备工作就绪，可极大地方便施行标准化作业，提高生产效率。

（2）抻面

抻面的过程既是面条成型的过程，又是进一步提高面条品质的过程。将经过熟化（饧面）的面坯用手工抻成所要求的形状和尺寸的面条，要经过多次拉伸。在拉伸的过程中，面体中零乱、无序的面筋蛋白会进一步转为有序状态，沿拉伸方向分布，形成更为完善的面筋网络体，并在面体中均匀排列，从而进一步提高了面条的韧性与强度。这是形成面条良好口感的重要机制。因此，烩面馆无不把抻面工序作为关键工艺环节进行管理。

抻面的工艺要求是：厚薄均匀，宽窄一致，平整光滑；无断条，无破边，无孔洞；面条两端（手指把持部分）的厚度和形状要与整体面条保持一致，不能出现明显的"面头"。

抻面操作一般分为三个步骤。

第一步，双手托起面坯，分别将面坯两端把持在拇指与食指之间，以双手中指和无名指配合整体托起面坯，呈水平状态。然后缓慢、均匀用力向两端拉伸面坯，并轻微上下抖动。经过三次水平拉伸，面坯变窄、变薄，长度达到 40 cm 左右。

第二步，微调手指位置，仍以拇指、食指捏住面带两端，以中指、无名指和小指撑起面带中部，保持面带呈水平状态。然后双手同时均匀用力，边向两端拉伸，边上下甩动，并逐渐加大甩面的幅度，使面带在上下甩动中逐渐变窄、变薄、

变长。抻面过程中要随
时微调手指对面带的控
制点和控制力度，使面
带两端的形状、尺寸与
面条的中间部位保持一
致，不产生"面头"。（这
是烩面抻面工艺与拉面
或龙须面工艺的不同之

处。拉面或龙须面是在每拉伸一把之后，将两端合并为一端，而将面条的中间
点作为另一端，以双手分别握住两端再拉伸。如此反复进行的结果是，面条的
条数以 2^n 为倍数逐渐变多，面条的直径逐渐变小，而两端的"面头"却越来越大。
最后，拉面或龙须面都是取中部的面条使用，而将两端的"面头"切除另行处
理。）一般把面条抻到宽度为 40 mm 左右、厚度为 1.2 mm 左右时，即达到要求。

　　第三步，将右手面条一端交给左手，右手顺势接住面条中间部分，在左
手辅助下，用右手将面条沿纵向从中间撕开，撕到两端时要留下一点点相连之
处，如此得到一个首尾相接的圆环。然后两手顺势收拢，将面条下入沸水锅内。

（3）煮面

　　煮面是使面条由生变熟的过程。煮面的机理是：面条中的淀粉经过以沸
水为介质的加热糊化，蛋白质产生热变性。生淀粉亦称 β 化淀粉，它的分子
是按一定规律排列的结晶状态。β 化淀粉吃起来口感不好，且由于消化酶不
易进入分子之间，因而也不易消化。β 化淀粉经过吸水膨润和加热过程，变
成了 α 化淀粉。α 化淀粉分子排列紊乱，消化酶容易进入分子之间，易于消
化分解，且 α 化淀粉吃起来口感也好。所谓淀粉糊化，就是把 β 化状态的淀
粉变为 α 化状态的淀粉。淀粉糊化的必要条件，一是加热，二是充分吸水。
所以，煮面时用水量要宽裕并使水始终处于沸腾状态。若水量不够或火力不足，

则淀粉糊化不充分，就会煮成一锅"夹生面"；或者因面条长时间在水中浸泡而成为"烂面"。当然，也不能长时间大火猛煮，以免损坏面条外部形态。

面条下锅时要尽量保持蓬松状态，不要成集束状态下锅。面条下入沸水锅中后不要立即搅动，应待面条在沸水中浮起时再用筷子挑起、翻动。若发现有粘连、并条之处，则用筷子小心地分离。这时宜将旺火调为中火，使水保持沸腾状态但不溢出锅外，同时不断翻动面条，使其受热均匀并防止粘锅。一般来说，在恰当的火力下，好的手抻面条是"不怕煮"的，即不会发生断条和严重"糊汤"现象（淀粉大量脱落而致面汤浑浊）。可根据面条的宽窄厚薄和食客的个性化需求掌握煮面时间。面条煮熟的标志是：面条颜色由白色变为微黄色，表面产生光泽，面条质地呈胶质感或近似半透明状态，同时从面汤和水蒸气中散发出一种怡人的"面香味"。这时若检查面条的横断面，中间的一条白芯刚刚消失，标志着面条已经煮好了。煮熟的面条要立即用漏勺或笊篱捞起，使其立即脱离热源。

　　在煮面过程中，溶解和脱落到煮面水中的固形物部分占面条本身的质量分数称为烹调损失率。品质不同的面条其烹调损失率有较大差异。但无论烹调损失率大小，用清水煮面条后，煮面水都会不同程度地"变稠"。一般来说，在煮面水适量的前提下，第一锅（用清水煮面）的面条熟得快，煮熟的面条口感比较软。而第二锅（用第一锅捞出熟面条后的水煮面）的面条熟得较慢，煮熟的面条口感比较硬。若要使用第二锅捞出面条后的煮面水再次煮面，往往就难以把面条煮熟了。因此，要在每次煮面前及时更换清水或按比例兑入清水，以保持每一锅面条都能在一定时间内煮熟并具有基本相同的口感。

（4）烹调烩面

烩菜操作

　　炒锅置灶上，加入 250 g 左右的清汤或白汤，以旺火烧开。加入配置好的菜品并即时翻动，使菜品吃透汤汁。这时立即加入适量开水。加水量一般为 300 ~ 400 g，以煮熟的面条捞入炒锅中后汤水能基本淹没面条，且炒锅中的面、菜、汤能恰如其分

地全部装入碗中为度。

熟肉汆汤操作

在炒锅中汤水再次沸腾起来的同时，将切配好的熟肉片保持原状从盘中移入漏勺中，将漏勺放入汤中汆一下，即将漏勺连同肉片移出汤面备用。

烩面装碗操作

装碗是烹调烩面的最后一道工序。坊间流行两种操作程序，各有千秋。一种操作程序是：将烩好的菜和汤先后注入已配好食用盐、味精和小磨香油的碗中，再将煮面锅中煮好的面条捞入碗中。另一种操作程序是：将煮面锅中刚刚"脱生"的面条用漏勺或笊篱捞出投入炒锅，翻动一下随即装碗。装碗时厨师以右手掌勺，左手持炒锅离开灶口，先用勺把大部分面、菜托起来，左手乘势将锅中汤水注入已配好食用盐、味精、小磨香油的碗中，右手随即将面、菜放入。装碗后要随即持筷子将面、菜向上"松"一下，使面、菜、汤在碗中所处位置协调。然后将漏勺中经过汆汤的熟肉放入碗面中心位置。至此，烹调一碗烩面的操作全部完成。将其放在已摆放好四味小料和餐具的托盘的中间位置上，一份精心打造的美食便可贲临前厅餐桌了。

　　从以上分析不难看出，烹调烩面工序的每一步操作都讲究一个"快"字，每一个动作都要在几十秒甚至几秒钟内搞定。要深切理解"过犹不及"的深刻意涵。对于经过先期初加工、已由生变熟的食材来说，任何一点失度烹饪都会严重危及烩面的整体质量。何况烩面的汤中油脂含量很高，

这样的汤水出锅时温度高且保温性能强，必须充分考虑到，从烩面装碗到端上餐桌的过程中，"烹饪"还在碗中继续进行。说"烩面馆的后厨从听到'叫起'开始到一碗烩面上桌，要以秒计时"一点都不夸张，旺铺、旺时尤其如此。为此，要求有经验的厨师长，要针对每一个工序、每一个岗位、每一步操作制订出精准的标准化操作规程并组织实施，要使后厨在厨师长的组织调度下井然有序，环环相扣，整个流程下来如行云流水般顺畅。

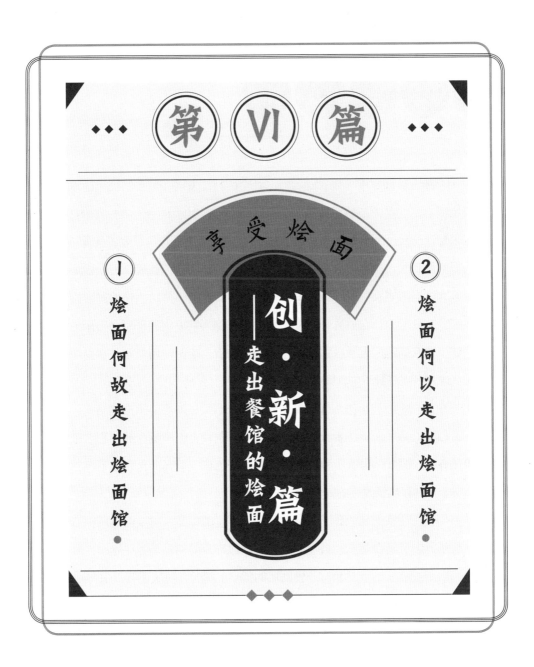

第 VI 篇

享受烩面

创·新·篇

——走出餐馆的烩面

1 烩面何故走出烩面馆·

2 烩面何以走出烩面馆·

PART 1.

世间真味有烩面。近年来，随着经济社会的持续发展和城乡居民生活水平的大幅度提高，主食面条的消费需求由果腹向营养、美味和特色化、风味化转变。在此大背景下，人们吃烩面已不再是偶尔为之的"打牙祭""改善伙食"，而成为惯常的正餐。选择自己心仪的烩面馆，以烩面为"工作餐"，已成为一些上班族和"宅男宅女"的"新食尚"。一些消费者把小作坊制作的鲜湿烩面坯买回家，在自家的灶台前秀一把抻面功夫，也能为家庭生活平添一番乐趣。从中原城市群及周边广大地区主食面条消费结构看，烩面的消费量与日俱增，烩面已从地方名吃跻身于主食面条行列。

以餐馆供应烩面和小作坊供应烩面坯两种业态组成的烩面供给侧结构，虽然在一定程度上为广大消费者日常吃烩面提供了条件，但毕竟商品化程度低，流通半径有限。况且，餐饮店和手工作坊的生产工艺一般标准化程度不高，缺乏食品安全控制和质量改进的操作空间。

城乡居民生活节奏加快和家务劳动社会化程度的提高，对烩面市场供给侧结构性改革提出了新的要求。当今消费者对烩面寄予的期望是：让烩面"跳出烩面碗，走出烩面馆"，能从超市或便利店的货架上随时方便地买到正宗、实惠、优质、安全的预包装烩面，恰如把技艺高超的烩面厨师请进了千家万户的厨房。显然，实现这一美好愿景的必然途径，是进行烩面市场供给侧结构性改革。要依托现代食品加工技术，实施烩面生产的工厂化和产品标准化，以新型的预包装烩面产品创新流通业态，培育市场，引领消费。从而有效地改变当前烩面供应以餐馆和手工作坊为主体，与消费升级需求存在巨大落差的被动局面。

（1）让烩面"跳出碗、走出店"的新产品

曾几何时，一种借鉴非传统通心面工艺生产的速煮烩面应运而生。速煮烩面是遵循传统手工制面的工艺原理，以普通小麦粉为原料，仅用食用盐和食用碱作品质改良剂，采用多项当代先进制面技术和专用设备组成生产线，对高持水量的面团进行科学调理，充分熟化，以手工抻面成型，或者借助专用设备高度摹效手抻工艺压延成型，经蒸煮使淀粉高度糊化，再经微波或热风干燥脱水处理，具有良好感官品质和优越烹饪性能的预包装面条制品。

（2）速煮烩面生产工艺与设备

归纳传统正宗手工烩面的工艺要点：一是以手工或借助器械和面，适度提高加水量，以使面粉中的蛋白质分子和淀粉颗粒充分吸水；二是以手工或借助器械对面团反复进行揉、搓、碾、轧，促进面筋网络形成；三是合理调控面团熟化环境条件（空气温、湿度）和熟化时间，使面团内部结构进一步趋于稳定状态；四是在面条成型过程中，进一步促进面筋蛋白有序排列，提高面筋品质；五是面条要经充分烹煮，使其淀粉糊化度达到95%以上，以获得最佳感官品质和烹调性能。因此，烩面工厂化生产的工艺设计，首先要满足上述各项工艺条件，以保证在鲜湿状态下的面条和经蒸煮后的面条都能完全达到传统正宗手工烩面的质量指标。再者，要在后续加工中采用先进适用的食品干燥技术对面饼进行脱水处理，使成品水分指标达到预包装食品的技术要求。

根据面条成型工艺的不同，速煮烩面生产线分为单机组合式生产线和自动化生产线两个系列。

单机组合式烩面生产线的工艺特点：一是从和面到面条成型工序沿袭了传统手工制面的工艺流程。其中和面、面团调理、制坯等工序借助专用机械设备代替手工操作，而保留了手工抻面的成型工艺。手抻面不仅进一步提升了面条的品质，而且保持了传统烩面的风味特色，彰显了传统烩面的文化属性。二是采用隧道式蒸面机对面条进行蒸煮，促使淀粉高度糊化。三是把脱水工序分为微波和热风干燥两个阶段实

施，有利于面饼定型和提高产品复水性。不难看出，单机组合式烩面生产线具有柔性好、设备投资少、生产线布置便利等一系列优点。但其关键工序——面条成型依然借助手工操作。因此，若仅从工人定员上评价，单机组合式烩面生产线尚属于"劳动密集型制造业"。

烩面自动化生产线集多项专用技术设备于一体，高度摹效手工调理面团和手工抻面操作，使产品感官品质完全达到传统正宗手工烩面的水平，并实现了生产流程的自动化控制和连续化生产。烩面自动化生产线的工艺特点：一是采用连续真空和面等多项先进技术措施，加大面团持水量，提高面团加工性能。二是应用连续真空挤出面带专用机械和齿纹辊轧延设备，加强面团调理效果，高度摹效手工抻面。三是采用面带水平交接输送方式延长饧化过程，在有效增加熟化时间的同时，进一步摹效揉面和抻面操作，以提高面条品质。四是专门研制面条分列错层输送机构，并对机件表面材料作特殊处理，有效地克服了含水率高的面体粘结机具和宽度为18 ~ 20 mm的大宽面条的粘连并条两个技术瓶颈，在面制品行业首开机械化连续生产18 mm以上大宽面条之先河。五是整条生产线的设备均采用机电一体化设计，以PLC（可编程逻辑控制器）实现自动控制、连续化生产，为施行标准化管理和质量控制提供了基础条件。显而易见，烩面自动化生产线在节能降耗，尤其是节省人力方面的优势，是单机组合式生产线所无法比拟的。

（3）预包装速煮烩面市场展望

基于速煮烩面的生产采用了多项专用技术设备，高度摹效传统手工制面的工艺效果，速煮烩面不仅具有传统正宗手工烩面应有的 18 ~ 20 mm 的几何尺寸，而且具有传统正宗手工烩面优良的感官品质和优越的烹调性能。速煮烩面因为是全熟面，所以烹饪便捷省时。它烹调稳定性好，久煮不浑汤、不断条、不粘连，具有很好的弹性和强度。煮熟的面条呈现光滑、半透明、略带胶质感的外观。口感弹性适中，爽滑而有咬劲，筋道而不黏糯。煮好的面条还可回锅再加工而不影响原来的质地和口感。毋庸置疑，以预包装速煮烩面作为餐厨食材，可以方便简捷地用于家庭厨房、餐馆、火锅店或集体伙食单位。由此可以预见，工厂化生产的预包装速煮烩面，必将创新烩面市场流通业态，引领烩面消费新潮流，进而开创未来主食面条市场新局面。

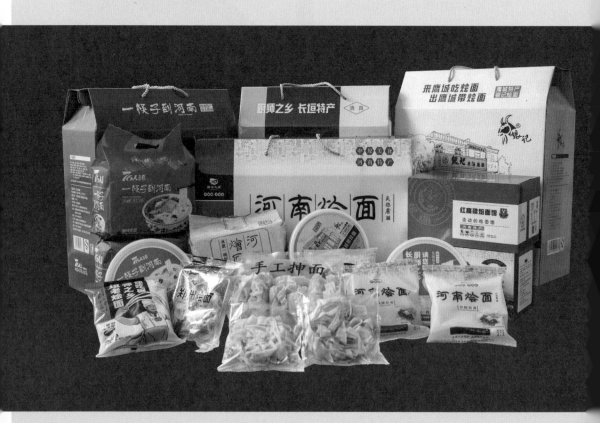